MIT DER
JUNKERS A50
QUER DURCH EUROPA

MIT DER JUNKERS A50 QUER DURCH EUROPA

Claus Cordes
Philipp Prinzing

Motor
buch
Verlag

Impressum

Einbandgestaltung: schreiberVIS, Seeheim

Eine Haftung des Autors oder des Verlages und seiner Beauftragten für Personen-, Sach- und Vermögensschäden ist ausgeschlossen.

ISBN: 978-3-613-04831-7

Dieses Buch wurde nach den geltenden Vorschriften der General Product Safety Regulation (GPSR) entwickelt.
Bei Fragen oder Problemen wenden Sie sich bitte an den Verlag unter folgender E-Mail-Adresse: gpsr@paul-pietsch-verlage.de

Sie finden uns im Internet unter:
www.motorbuch-verlag.de

1. Auflage 2026

Layout, Satz und Prepress: schreiberVIS, Seeheim

Druck und Bindung: Conzella, 85609 Aschheim-Dornach

Printed in Germany

Inhalt

Der Autor

Claus Cordes, geboren 1960 in Lübeck hat nach Abitur und zweijährigem Wehrdienst seine Fliegerausbildung an der Verkehrsfliegerschule der Deutschen Lufthansa in Bremen und Phoenix/ Arizona begonnen. Von 1983 bis 2019 flog er im Liniendienst, zuletzt als Kapitän auf dem Airbus A380. Neben seinem Beruf hat er ein Flugzeugbaustudium an der Hochschule für angewandte Wissenschaften in Hamburg absolviert und als Dipl. Ing. abgeschlossen. Im Anschluss an sein Studium erhielt er Lehraufträge an verschiedenen Hochschulen und wurde im Jahr 2008 von der Universität Tashkent mit der Würde eines Professors ehrenhalber ausgezeichnet.

Im Jahr 1988 wurde er als Flugzeugführer für die Junkers Ju 52/3m der Deutsche Lufthansa Berlin-Stiftung ausgewählt, die er bis zur Außerdienststellung im Jahr 2018 als Copilot, Kapitän und Trainingskapitän flog. 2009 bewarb er sich erfolgreich als Kapitän für die zu restaurierende Lockheed L 1649 „Super Star" und flog im Training 18 Stunden auf der „Königin des Nordatlantiks".

Zum Luftsport fand er während seiner Zeit als Flugschüler, betreibt vorrangig Segelflug und ist seit 2022 Präsident des Deutschen Aero Club e.V.

Claus Cordes hat in seiner Laufbahn mehr als 28.000 Flugstunden auf über 100 verschiedenen Flugzeugmustern gesammelt

Seit 1984 ist er mit der Glasgraveurmeisterin Astrid Cordes verheiratet und hat zwei erwachsene Töchter.

Vorwort des Autors

„Wenn einer eine Reise tut, dann kann er was erzählen!"

Mein ganzes Leben war eine Reise. Als Kind mit Dreirad und Fahrrad auf dem elterlichen Grundstück und in meiner Heimatstadt, als Heranwachsender mit dem Moped rund um den Kirchturm und mit dem Segelboot über die Ostsee, als junger Mann mit dem Schützenpanzer über verschiedene Truppenübungsplätze in Deutschland, als Flugschüler durch den Südwesten der USA und als Mann mit dem Flugzeug schließlich um die ganze Welt. Die letzten fast zwei Jahrzehnte meiner Laufbahn als Verkehrsflugzeugführer war ich als Kapitän auf der Langstrecke eingesetzt. New York, Fairbanks, San Francisco, Montevideo, Buenos Aires, Rio de Janeiro, Nairobi, Johannesburg, Delhi, Calcutta, Bangkok, Hong Kong, Tokio und viele andere Städtenamen standen in meinen Dienstplänen und nicht nur die Städte und Länder selbst, sondern auch der Weg dorthin war immer ein Erlebnis. Wie habe ich es geliebt, frühmorgens auf den Atlantik hinauszufliegen, mich nachts durch die innertropische Konvergenzzone über dem Südatlantik zu mogeln, deren Gewitter bis in Höhen von 15 oder 18 km hinaufreichen, und die auch ein viele hundert Tonnen schweres Flugzeug mächtig durchschütteln können. Es war immer eindrucksvoll im Polarsommer oder in der Polarnacht den Weg über den Nordpol nach Fairbanks in Alaska zurückzulegen oder frühmorgens bei klirrendem Frost in Frankfurt abzufliegen und am Nachmittag in Nairobi am Äquator in der Sonne Afrikas zu liegen. Es war einfach „weltmännisch", im Januar nach 10 Tagen Südamerikaumlauf braungebrannt nach Hause zurückzukehren oder im Fernen Osten wirklich scharf zu essen, woran man sich erst allmählich gewöhnen muss. Es war ein herrliches Leben, und mit den Jahren habe ich mich immer mehr daran gewöhnt, stundenlang geradeaus zu fliegen.

Dabei habe ich immer meinem Flugzeug gelauscht, die Triebwerksinstrumente beobachtet, deren Anzeigen interpretiert und mir das Strömungsbild der Luft um das Flugzeug vorgestellt. Ich habe versucht, der Flugsicherung die optimale Höhe abzuluchsen, um Zeit aufzuholen oder um Kraftstoff zu sparen. Ich habe die Wolkenbilder am Himmel gelesen, Turbulenzen um-, über- oder unterflogen, und immer danach gestrebt, meine Arbeit so gut wie irgend möglich zu machen und von jedem Flug neue Erfahrungen und Erkenntnisse mit nach Hause zu bringen.

Aber so schön und groß und weit die Welt auch ist, es war immer noch schöner, wieder nach Europa zurückzukehren. Kam man aus Fernost über Sibirien, überflog man im Winterhalbjahr endlose Schnee- und Eiswüsten, kam man vom Nordatlantik, waren Wasserwüsten zu überqueren, und kam man aus dem Süden oder Südosten waren es endlose Sandwüsten, die sich unter einem ausbreiteten. Europa dagegen ist immer irgendwie grün. Die Metropolen Europas sind groß, aber keine Megacities wie Delhi oder Tokio und deswegen fast schon wieder heimelig. Wenn ich in großer Höhe über sie hinweg flog, wusste ich aus der Zeit auf der Kurzstrecke um ihre Besonder- und Eigenheiten. Ich kannte den Admiralsplatz in Lissabon, das Treiben auf der Galata Brücke in Istanbul, den Mont Martre in Paris, das Menschengdränge auf der Ramblas in Barcelona, die Kleine Meerjungfrau in Kopenhagen oder den Blick auf die Alpen vom Dach des Mailänder Doms. Es war immer ein nach Hause kommen in die europäische Kultur, die so vielfältig, so reich und mir so vertraut ist. Dubai mag die Stadt der Zukunft sein (ich glaube nicht daran!), aber der Bremer Marktplatz ist schöner. Hong Kong ist fesselnd, aber nur für ein paar Tage, auf lange Sicht gefällt mir Lübeck viel besser.

Darüber hinaus gibt es gerade jetzt noch Vieles mehr, das mich froh und glücklich sein lässt, im Herzen Europas leben zu können.

Und deswegen bin ich nach dem Ende meiner beruflichen Karriere noch einmal quer durch Europa geflogen, um diesen wunderbaren Kontinent im engen, offenen Cockpit eines Ultraleichtflugzeuges so intensiv zu erleben, wie es in meiner Vorstellung vom Fliegen nur geht. Von dieser Reise, die ich im Nachhinein voller Überzeugung als die „Reise meines Lebens" bezeichne, will ich in diesem Buch erzählen. Sie war so abwechslungsreich, anstrengend, anspruchsvoll aber auch erfüllend, dass ich versuchen will, Sie so gut wie möglich daran teilhaben zu lassen. Steigen Sie ein, der vordere Platz im Flugzeug ist noch frei. Erleben Sie mit mir Europa mit allen Sinnen!

↓ Als Flugschüler in Phoenix / Arizona Ende 1980 / Anfang 1981.

Mein Fliegerleben

Mein Vater war ein begeisterter Sportflieger und hat noch die Zeit erlebt, als zwei Hüpfer von 10 oder 12 Sekunden Länge auf einem Schulgleiter die Anstrengungen und Mühen eines ganzen Wochenendes wert waren. Es ist ihm aber nicht gelungen, mich im Alter von 12 oder 13 Jahren für die Fliegerei zu begeistern. Heute glaube ich, dass es mehr an dem Ton lag, der damals noch in den Vereinen vorherrschte, und der von den ehemaligen Weltkriegsfliegern geprägt war.

Aber gerade als gegen Ende meiner zweijährigen Wehrdienstzeit die Berufswahl anstand, suchte die Lufthansa mit eindrucksvollen Inseraten in verschiedenen Zeitschriften nach (ausschließlich) jungen Männern, die sich zum Verkehrsflugzeugführer ausbilden lassen wollten, wenn sie denn die strengen Aufnahmetests bestehen würden. Ich bewarb mich, bestand, und trat am 06.August 1980, nur fünf Wochen nach dem Ende meines Wehrdienstes, als Flugschüler im 126. Nff (Nachwuchsflugzeugführerlehrgang) der Verkehrsfliegerschule der Deutschen Lufthansa am Flughafen Bremen Neuland an.

Meine Laufbahn führte mich dann über die Stationen Copilot Boeing B737 und Airbus A306/310, Kapitän Airbus A320 und McDonnel Douglas MD 11-F auf den Platz des Kapitäns im Airbus A380, den ich am Morgen des 26. Juli 2019 mit Lufthansa LH 401 auf der D-AIMF „Zürich" aus New York kommend in Frankfurt wieder freigemacht habe. Ich hätte noch sechs Jahre länger fliegen können und wollte das eigentlich auch immer, aber die Welt der Verkehrsluftfahrt hat sich in eine Richtung entwickelt, die mir nicht gefallen hat. Alles hat seine Zeit.

Während meines vierten Lebensjahrzehnts habe ich neben dem Beruf in Hamburg Flugzeug-

↑ Als in Ehren ergrauter ergrauter A380-Kapitän 2019.

bau studiert und als Dipl.-Ing. abgeschlossen und dann viele Jahre lang als Lehrbeauftragter an verschiedenen Hochschulen unterrichtet. Von der Universität Tashkent wurde mir im Jahre 2008 die Würde eines Professors ehrenhalber verliehen.

Zum Segelfliegen und zur allgemeinen Luftfahrt bin ich erst nach der Ausbildung zum Verkehrsflugzeugführer gekommen, dafür dann aber umso heftiger. Mit der Erfahrung als Schlepppilot auf einer Piper PA 18 „Super Cub" im Segelflugverein bewarb ich mich erfolgreich auf die Junkers Ju 52/3m der Deutschen Lufthansa Berlin-Stiftung, die ich dann bis zur ihrer unrühmlichen Außerdienststellung im Jahr 2018 als Copilot, Kapitän und Trainingskapitän geflogen bin. Ich gehörte auch zu dem sehr exklusiven Kreis der vier Kapitäne, die ausgewählt waren, die Lockheed L 1649 „Super Star" zu fliegen. Das Projekt wurde jedoch nicht zu Ende geführt, aber auf 18 Flugstunden auf der Connie bin ich noch gekommen. Im September 2013 besaß ich die Musterberechtigungen als Kapitän Airbus A380, McDonnell Douglas MD 11, Lockheed L 1049/1649 und Junkers Ju 52/3m und als Ausbilder/Prüfer für die Ju und die Connie gleichzeitig! Das war sicher der Kulminationspunkt meiner Karriere. Im Nachhinein war die Zeit auf dem MD 11 Frachter die schönste Zeit, auch wenn mir das Flugzeug selbst überhaupt nicht gefiel. Sie ist ja auch gerade (Winter 2025/2026) nach einem weiteren Totalverlust wieder sehr ins Gerede gekommen. Auf dem Frachter galt es in erster Linie, anspruchsvolle fliegerische Probleme zu lösen. Da war ich Flieger und Kapitän mit viel Entscheidungsfreiheit. Auf dem A380 mit häufig mehr als 500 Menschen an Bord war ich hingegen mehr Zirkusdirektor …

Meine große Liebe gilt aber dem motorlosen Flug und seit meiner Pensionierung habe ich viel, aber immer noch viel zu wenig Zeit, dieser Leidenschaft als Streckenflieger und Fluglehrer nachzugehen. Ob im Sommerhalbjahr in der Thermik oder im Winterhalbjahr im Hangflug – ich genieße es und kann nicht genug davon bekommen. Ohne Motorkraft viele Stunden und hunderte Kilometer weit zu fliegen, ist eine Herausforderung, deren Bestehen mir immer wieder große Freude macht. Und es ist mir ein echtes Anliegen, diese Begeisterung, mein Wissen und meine Erfahrungen an junge Menschen weiterzugeben.

Seit ein paar Jahren bin ich auch Präsident des Deutschen Aero Club e.V., quasi Deutschlands oberster Luftsportler. Das habe ich nie angestrebt, doch auch in diesem zeit- und manchmal nervenraubenden Ehrenamt gibt es Glücksmomente.

Aber alles das hätte so nicht geschehen können, wenn ich nicht meine wunderbare Frau Astrid hätte, die mich seit über vierzig Jahren in die Welt hinausziehen lässt, und mir vertraut, dass ich von allen Abenteuern munter und gesund nach Hause zurückkehre.

Foto: Thormälen

→ Focke-Wulf Fw 44-J „Stieglitz“ D-EQAX.

↓ Junkers A50 „Junior“ in der Abflughall des Flughafens Helsinki Vantaa.

Meine Bindung zum „Junior“

Lange Jahre war ich erst Teilhaber und dann alleiniger Eigner einer wunderschönen Focke-Wulf Fw 44 J „Stieglitz“ mit der Seriennummer 1899 und dem Kennzeichen D-EQAX. Aber so sehr ich das Flugzeug mit seinen wunderbaren Flugeigenschaften auch mochte, nach meiner Pensionierung wurde es doch mehr und mehr zur Last. Der Wartungsaufwand und die Kosten für den Betrieb wuchsen immer weiter an, so dass ich begann, mich nach einem anderen Flugzeug umzusehen. Und das ist, wenn man so verwöhnt ist, keine einfache Angelegenheit. Das offene Cockpit und ein Spornrad mochte ich nicht missen, aber ein altes Flugzeug gegen ein anderes altes Flugzeug zu tauschen, ergibt auch keinen Sinn.

Foto: Markus Mainka - stock.adobe.com

Etwa zur gleichen Zeit waberten die ersten Gerüchte durch den Äther, dass es außer den Nachbauten der Junkers F13 auch noch einen Nachbau des Junkers A50 „Junior“ von der Firma „Junkers Aircraft“ geben sollte. Meine Bindung zu Junkers Flugzeugen reicht bis in das Jahr 1988 zurück, als meine als etwas „keck“ empfundene Bewerbung als Flugzeugführer für die Ju 52 „Berlin-Tempelhof“ angenommen wurde, der, wie bereits erwähnt, viele schöne Jahre folgten. Außerdem hatte ich, noch bevor ich die Ju 52 fliegen durfte, schon einen ersten Kontakt mit einer A50. In der Abflughalle des Flughafens Helsinki Vantaa hing damals die OH-ABB, mit der der Finne Väino Bremer um 1930 zahlreiche Langstreckenflüge absolviert hat-

Foto: Kaelin

te. Das kleine Flugzeug gefiel mir damals schon auf Anhieb sehr. Väino Bremer hatte offenbar so wie ich gerne spezielle Kennzeichen. OH ist das Länderkürzel für Finnland, das A und das erste B stehen dann für die Initialen seiner Frau Astrid (wie meine) und das zweite B dafür, dass es sein zweites Flugzeug war.

Und dann stand die A50 D-MDJU auf der Aero 2022 in Friedrichshafen. Das Flugzeug versprach alles, was ich mir wünschte. Ganz viel Flugspaß, wenig Wartungsaufwand, geringen Kraftstoffverbrauch, Super-Benzin statt AvGas, Metallbauweise und keine Probleme bei der Ersatzteilbeschaffung. Schnell war ein Termin für einen Probeflug ausgemacht, der mich endgültig überzeugte. Auch wenn der Rotax-Motor im Vergleich zum Siemens-Sternmotor grauslich klingt, war der Flug von Donaueschingen an den Bodensee und zurück ein ausgesprochener Genuss. Ja, ein Junior sollte es sein!

↑ Erstes Probesitzen im Junior auf der Aero 2022.

Der Stieglitz war sehr schnell verkauft, und dann habe ich mir eine funkelnigelnagelneue Junkers A50 „Junior“ bestellt, Werknummer 009 war für mich bestimmt.

Das Drama mit dem Propeller

Da mein Junior zum vereinbarten Termin noch nicht fertig war, überließ die Firma Junkers mir für ein paar Tage ihr Werksflugzeug, die D-MDJU, denn ich hatte schon die ersten Termine für Vorführungen auf Flugtagen angenommen. Das Flugzeug war dem Serienstandard entsprechend mit einem Einstellpropeller ausgerüstet, dessen Steigung am Boden durch Drehen eines Bolzens verstellt werden konnte. Leider war dieser Bolzen den Belastungen und Schwingungen des Betriebes offenbar nicht gewachsen und brach, gerade, als ich

Foto: Cordes

← MSN 009 im Bau.

Foto: Cordes

Foto: Cordes

↑ Auf einem Gerstefeld nördlich von Dinkelsbühl.

→ Verstellte Propellerblätter.

von der Hahnweide kommend das romantische Städtchen Dinkelsbühl mit Ziel Lauf Lillinghof bei Nürnberg überflog. Von einem Augenblick auf den anderen stieg die Motordrehzahl von den eingestellten 5000 min^{-1} auf weit über 7000 min^{-1} an, und das Flugzeug wurde stark abgebremst. Tausendmal trainiert, tausendmal ist nichts passiert, aber wenn es dann doch mal passiert, staunt man erstmal einen kurzen Augenblick, bevor die Handlungsroutine einsetzt, zumal die Art des Fehlers nicht auf der Hand lag. Schnell war klar, dass ich die Höhe nicht mehr halten konnte, ich musste also „zu den Kühen". Der Flugplatz Dinkelsbühl Sinnbronn lag jenseits eines Waldstückes, über das hinwegzusegeln ich mit der sich andeutenden Gleitzahl („1 zu plumps") nicht gewagt habe. Es ging rapide abwärts, und ich musste sehr schnell ein geeignetes Landefeld finden. Für einen Segelflieger, der schon ein paar (mehr) Außenlandungen hinter sich hat, ist das an sich kein großes Ding, aber die sehr hohe Sinkrate ließ mir sehr wenig Zeit dafür. Es gelang mir gerade noch, über ein Rapsfeld und einen Feldweg hinweg ein Gerstenfeld neben einer belebten Bundesstraße zu erreichen. Den Grundsatz „braun vor grün" konnte ich mangels Auswahl und wegen der hohen Sinkrate nicht befolgen, aber grün war in diesem Fall akzeptabel, und hätte die Spurbreite des Juniors mit der des Treckers, der auf dem Feld eine Fahrspur hinterlassen hatte, übereingestimmt, wäre wahrscheinlich gar nichts passiert. So drehte ich mich aber nach dem Aufsetzen ziemlich abrupt um 90 Grad nach links, was der Zelle und dem Fahrwerk Schaden zufügte. Ich selbst war unverletzt geblieben und konnte zuerst meine Frau und danach die Polizei, die Feuerwehr, den SAR-Dienst (Search and Rescue) und den Flugberatungsdienst telefonisch über meine Notlandung informieren. Es war ein Sonntagvormittag, und deswegen hatten bis zur Bergung des Flugzeuges sehr viele Leute sechs Stunden lang Zeit, mich mit ihrer Expertise zu beglücken.

Die Ursache, die ich in der Luft nicht feststellen konnte, war am Boden beim Blick auf den Propeller schnell ausgemacht. Wie jeder Flugzeugflügel ist auch ein Propellerblatt kopflastig und dreht sich deswegen vorwärts, wenn es nicht fixiert wird. Nach dem Bruch des Bolzens haben sich die Propellerblätter so weit in Richtung kleiner Steigung verdreht, dass die Blatthinterkanten sich in den Spinner (Haube auf der Propellernabe) gedrückt haben. Durch die sehr kleine Blattsteigung war die Drehzahl abrupt angestiegen. Es war gerade so, als würde man auf der Autobahn mit Gewalt den ersten Gang reinhauen, das bremst dann unter Motorgeheul auch gewaltig. Das ganze Drama hat vom Auftreten des Fehlers bis zur Landung in der Gerste gerade eine Minute gedauert. Wie gut, dass ich im Reiseflug etwas „Wasser unter dem Kiel" hatte. Da dieser Fehler an diesem Propeller aber nun schon zum zweiten Mal aufgetreten war, gab es „dringenden Gesprächsbedarf" mit dem Propeller-Hersteller.

Es hat dann noch drei Monate gedauert, bis ich meine D-MQUI in Donaueschingen mit einem anderen Propellertyp übernehmen konnte. Dabei handelte sich um einen Verstellpropeller, bei dem ein Regler die Blattsteigung nach vielen gemessenen Parametern bestimmt und einstellt. Die Firma Junkers und ich waren uns aber einig, dass das nicht die endgültige Lösung sein konnte. Der Propeller hatte einen relativ kleinen Durchmesser, was schon nicht gut aussah, und bei der Startdrehzahl des Motors von 5800 min^{-1} war der Ton, den Motor und Propeller abgaben, wahrlich kein Ohrenschmaus. Die Kommentare der Fliegergemeinschaft dazu waren auch nicht überwiegend freundlich.

Aber alles andere stimmte und entsprach meinen Erwartungen. Ich flog allein im ersten Jahr über 150 Stunden und konnte Junkers Aircraft noch den einen oder anderen Tipp für die Modellpflege geben. So bin ich z. B. einmal mit feuchten Sohlen wenig elegant vom Auftritt auf der linken Fläche geflogen und habe mir dabei ziemlich wehgetan. Wie gut, dass das auf einem Grasplatz passiert ist, auf Asphalt oder Beton wäre meine Landung ungleich härter gewesen. Der Auftritt wird jetzt weniger glatt gefertigt.

Der alte und der neue Junior

Bevor ich Ihnen den Aufbau des neuen Juniors beschreibe, möchte ich Ihnen den originalen aus dem Jahre 1929 vorstellen.

Bei der Firma Junkers hatte man die Idee, ein Volksflugzeug zu bauen, mit dem Geschäftsleute zu ihren Terminen reisen konnten, oder den sich begüterte Herrschaften neben ihrem Sportwagen zulegen, um mit dem einen zum anderen zu fahren und sich dann in die Lüfte zu erheben. Das ganze wie damals üblich mit offenem Cockpit, Pilot und Passagier natürlich hintereinander und mit einem Sporn am Heck. In die Nase einen Sternmotor und nur ausgestattet mit den primären Steuerelementen Höhen-, Seiten- und Querruder. Und wie es sich für ein Junkers-Flugzeug zu der Zeit gehörte auch in Wellblechbauweise. Dem Flugzeug, so charmant es auch daherkam, war aber leider kein wirtschaftlicher Erfolg beschieden, denn nach dem Ausbruch der Weltwirtschaftskrise im Oktober 1929 hatten die Menschen andere Sorgen, als sich ein eigenes Flugzeug zu kaufen. Nur etwa 70 Stück wurden gebaut, die aber immerhin in alle Gegenden der Welt verkauft, sogar als Wasserflugzeug! Von diesen etwa 70 Flugzeugen existieren noch drei. Und allen dreien bin ich auf unterschiedliche Weise in meinem Leben schon begegnet. Die bereits erwähnte OH-ABB von V. Bremer, die ich im Abflugterminal in Helsinki bewundert hatte, wird heute ein paar Meter weiter im finnischen Luftfahrtmuseum ausgestellt. Die D-2054, die im Deutschen Museum in München in der Ausstellung steht, hat als Vorlage zum moder-

Foto: Hübel

↑ VH-MRR im Junkers-Museum Dessau 2009.

An dieser Stelle möchte ich zwei Erklärungen einfügen.

Zum Sitzplatz des Piloten:
Bei all diesen alten Flugzeugen sieht man den Piloten immer im hinteren, den Fluggast im vorderen Sitz. Der Grund dafür ist die erforderliche Schwerpunktlage, wenn der Pilot allein fliegt. Ein Flugzeug, bei dem der Schwerpunkt weiter hinten liegt, ist wendiger als eines mit vorderer Schwerpunktlage. Da Kunstflug damals immer irgendwie dazugehörte, legte man auf hohe Wendigkeit großen Wert, und deswegen saß der Pilot immer hinten. Das hat man dann auch für Flüge zu zweit übernommen, um allerlei Instrumente und Bedienelemente für den vorderen Platz einsparen zu können. Natürlich sieht man von hinten nicht wirklich viel voraus, aber ansonsten hat das nur Vorteile. Man hat die lange Flugzeugnase vor sich und kann dadurch kleinste Lageänderungen sofort wahrnehmen, was insbesondere bei Start und Landung von Vorteil ist, da Spornradflugzeuge am Boden bauartbedingt um die Hochachse nicht richtungsstabil sind. Man hat seinen Passagier im Blick, und das Ein- und Aussteigen ist leichter. Man kann sich so sehr daran gewöhnen, dass es einem als völlig normal erscheint. Auch als Fluglehrer im Segelflugzeug sitze ich immer hinten.

Zur Wellblechbauweise:
Formteile aus Wellblech verfügen über eine größere Festigkeit gegen Verformung als Formelemente aus Glattblech gleicher Materialstärke. Deswegen kann die Blechstärke so gering gewählt werden, dass die Konstruktion insgesamt leichter wird. Die größere von Luft „umspülte Oberfläche" erhöht zwar den Reibungswiderstand, was bei den geringen Fluggeschwindigkeiten der in Rede stehenden Flugzeuge aber noch nicht wirklich zum Tragen kommt. Durch die geringere Masse nimmt der bei der Erzeugung des Auftriebes entstehende induzierte Widerstand stärker ab, als der Reibungswiderstand durch die größere Oberfläche zunimmt. Der Gesamtwiderstand fällt also geringer aus. Das ändert sich zwar bei höheren Geschwindigkeiten deutlich, aber bei 150 – 180 km/h Reisefluggeschwindigkeit ist die Wellblechbauweise durchaus vorteilhaft.

Bei der Junkers A50 „Junior" handelt es sich also um einen freitragenden Tiefdecker in Metallbauweise mit Spornfahrwerk für einen Piloten und einen Passagier mit einem Fünf-Zylinder-Sternmotor.

Der neue Junior hat mit dem alten bis auf das Aussehen und die ungefähren äußeren Abmessungen nicht viel gemein.

Er ist also kein 1 : 1-Nachbau des Modells von 1929, sondern eine Neukonstruktion, und das hat viele Gründe und Vorteile.

Natürlich haben sich die Zulassungsvorschriften seit 1929 geändert, heute ist das Flugzeug kein Flugzeug mehr, sondern ein Luftsportgerät der Ultraleicht-Kategorie, womit die maximale Abflugmasse auf 600 kg beschränkt ist. Damit verbunden sind

Vorgaben wie Mindestgeschwindigkeit, Flugeigenschaften, die Ausrüstung mit einem Rettungssystem und viele andere mehr.

Der Junior, der im Deutschen Museum München steht, wurde zunächst per Laser vermessen, womit die äußeren Abmessungen präzise erfasst waren. Und dann wurde neu konstruiert. Als Motor wurde ein Rotax 912 iS Vierzylinder-Einspritzer-Boxermotor mit 1,4 Litern Hubraum und 100 PS Leistung bei 5800 min^{-1} gewählt, der sich sehr elegant in die Nase des Flugzeuges integrieren ließ. Zwischen den Sitzen, da, wo beim Original der Kofferraum war, befindet sich heute das Rettungsgerät. Wenn der Schirm herausgeschossen wird, hängt das ganze Flugzeug ungefähr im Schwerpunkt daran und kommt dann etwa in Normallage zu Boden. Das Fahrwerk mit den beiden großen Speichenrädern nimmt an jedem Rad eine Scheibenbremse auf, die auf dem jeweiligen Seitenruderpedal mit den Fußspitzen betätigt wird. Das ist beim Manövrieren am Boden ein großer Vorteil, der Originaljunior hatte gar keine Bremsen. Das Spornrad ist ebenfalls mit den Seitenruderpedalen steuerbar, die Steuerung rastet aus, wenn man einseitig bremst und eine sehr enge Kurve steuert und ist dann um 360° drehbar. Wie das Original verfügt auch der neue Junior nicht über Landeklappen, und die Trimmung des Höhenruders erfolgt über eine kleine, aber wirksame Trimmklappe am linken Höhenruder. Im Cockpit meines Flugzeuges ist hinten ein Garmin G3X-Gerät verbaut, das mir auf einem Bildschirm eine Unmenge an Informationen liefert. Dazu gehört auch ein AHRS-System (Attitude and Heading Reference System), das Fluglage-, Kurs und Geschwindigkeitsinformationen bereitstellt. Weitere Atmosphärendaten wie der aktuelle Wind, die Temperatur und auch die wahre Flug- und die Geschwindigkeit über Grund werden ebenfalls angezeigt. Man muss sich nur darüber im Klaren sein, dass dieses ganze Wunderwerk nicht redundant ist. Fällt der Bildschirm aus, blickt man vor sich auf ein dunkles Rechteck. Die Stromversorgung ist allerdings über eine Notbatterie für eine gewisse Zeit sichergestellt, wenn die normale Stromversorgung ausfällt. Im vorderen Sitz habe ich nur einen Fahrt- und einen Höhenmesser einbauen lassen, beide zeigen metrisch, also Höhenmeter und km/h an. Mehr interessiert die meisten meiner Fluggäste nicht.

Man kann also fast alles mit dem Flugzeug machen, darf es aus gutem Grunde aber nicht. Flug in Wolken ist problemlos möglich, wird der Bildschirm aber dunkel, überlebt man das mit hoher Wahrscheinlichkeit nicht – und das muss man wissen und beachten! Und für Kunstflug ist er auch nicht zugelassen.

Ich werde bei der Beschreibung der einzelnen Streckenabschnitte da, wo es sich anbietet, etwas näher auf die technischen Details und die Flugeigenschaften des Flugzeuges eingehen.

Einige technische Daten des alten und des neuen Juniors im Vergleich:

	Original-Flugzeug	Nachbau
Spannweite:	10,00 m	9,84 m
Länge:	7,12 m	7,41 m
Höhe:	2,40 m	2,89 m
Flügelfläche:	13,7 m^2	13,7 m^2
Streckung:	7,3	7,3
Leermasse:	420 kg	382 kg (D-MQUI)
Abflugmasse:	610 kg	600 kg
Flächenbelastung:	45 kg/m^2	44 kg/m^2
Reisegeschwindigkeit:	140 km/h	155 km/h
Motor:	Siemens Halske Sh13 Fünfzylinder-Sternmotor	Rotax 912 iS Vierzylinder-Boxermotor
Hubraum:	5200 cm^3	1400 cm^3
Startleistung bei:	88 PS 1900 min^{-1}	100 PS 5800 min^{-1}

nen Junior eine wichtige Rolle gespielt, und der VH-MRR bin ich zum ersten Mal in Australien und dann noch einmal in Dessau begegnet. Der jetzige Besitzer wollte sie restaurieren, will sie nun aber verkaufen, was wohl an seinen Preisvorstellungen scheitern wird. Es wäre sehr schade, wenn sie in irgendeiner Scheune zu Staub zerfiele.

Die Idee zu einer großen Reise

Nachdem Sie nun das Flugzeug und mich ein wenig kennengelernt haben, will ich Ihnen vor dem „Abflug" noch berichten, wie es zu der Idee der Reise gekommen ist.

In den Jahren 1929 und 1930, also kurz nach Erscheinen des Juniors, wurden mit dem Flugzeug einige bemerkenswerte Rekordflüge unternommen. Dazu gehörten Höhen- und Langstreckenrekorde, u. a. ein Streckenflug auf einem geschlossenen Kurs von 2100 km Länge, in 16 Stunden und 29 Minuten. Muss dem der verlängerte Rücken weh getan haben. Marga von Etzdorf, die erst im Jahr 1927 fliegen gelernt hatte, unternahm 1930 im Alter von 23 Jahren in ihrem gelb lackierten „Kiek in die Welt" einen Langstreckenflug in 10 Tagen von Berlin über den indischen Subkontinent nach Tokio, auf dem sie so manche böse (Wetter)-überraschung erlebte. Und Väinö Bremer flog 1931 rund um Europa und 1932 von Helsinki nach Kapstadt und wieder zurück.

Wenn das alles vor fast 100 Jahren diesen „jungen Hüpfern" schon möglich war, dann musste es einem ergrauten Flugkapitän und Flugzeugbauingenieur mit fast 30.000 Flugstunden und fast 45 Jahren Flugerfahrung in einem technisch sehr viel besseren Nachbau doch möglich sein, auch weiter als nur um den Pudding zu fliegen. Und weil ich Europa so liebe, und weil man ja derzeit im Tiefflug kaum aus Europa herauskommt außer nach Nordamerika, machte ich irgendwann in einem Anflug von Übermut den Vorschlag, es dem Finnen Bremer mit meinem Flugzeug nachzutun und rund um Europa zu fliegen – und rannte damit weit offene Türen ein. Die Firma Junkers war sofort bereit, die Reise zu finanzieren. Ich würde meine Zeit, meinen Einsatz und mein Flugzeug beisteuern, und Junkers arrangiert das Drumherum. Im Spätsommer 2024 begann die Grobplanung. Viele Dinge waren unter einen Hut zu bringen. Einige geographische Punkte sollten unbedingt angeflogen, einige Flugshows sollten besucht werden, einige Länder waren aus Marketinggründen wichtiger als andere usw. usw. Und so entstand allmählich ein grober Plan über den Verlauf der Reise. Eine Agentur wurde beauftragt, die Reise PR-mäßig zu betreuen, ein „Concierge Service" würde mich unterwegs unterstützen, wenn es um die Beschaffung von Brennstoff, Hotelbuchungen und Taxis ginge, und auch ein Begleitflugzeug sollte mitfliegen. Diesen Gedanken habe ich von Anfang an nicht sehr gemocht, denn ich wollte kein „betreutes Fliegen für einen älteren Herrn" machen. Je tiefer wir in die Planung einstiegen, desto deutlicher wurde, dass das zunächst ausgewählte Flugzeug, dessen Reichweite, Brennstoffbedarf und sonstige Eigenschaften nicht zum Junior passten, eher ein Hindernis sein würde. Am Ende wurde der Plan fallengelassen, und ich bin allein geflogen. Das war mir auch viel lieber so, denn ich mache solche Dinge gerne auf mich allein gestellt. So konnte ich allein über Zwischenlandungen entscheiden, die Wetterlage beurteilen, die Abflugzeiten nach meinen Notwendigkeiten festlegen und Pausentage machen, wann und wo ich es für geboten hielt. Das hat sich im Nachhinein als absolut richtige Entscheidung erwiesen. Abgesehen von den paar Fixpunkten, die der Firma Junkers wichtig waren, hatte ich völlige Entscheidungsfreiheit, war also wieder Flieger und nicht Zirkusdirektor.

Am Ende wurde festgelegt, dass die Reise am 07. Juni bei den Hugo-Junkers-Tagen in Dessau beginnen und am 19. Juli in der Flugwerft Oberschleißheim vor den Toren Münchens enden sollte, um 12.30 Uhr mittags, dazu später mehr.

Es wurden Logos entworfen, ein Motto gefunden und vieles am Rande organisiert, mit dem ich nicht viel zu tun hatte. Das kam mir sehr entgegen, denn Marketing ist nicht meine Welt. Meine Aufgabe würde es sein, den Flieger nach Plan rund um Europa zu fliegen. Mehr wollte ich auch nicht, und, wie sich herausstellte, war das als Aufgabe auch völlig ausreichend. So viel kann ich an dieser Stelle schon vorwegnehmen, es hat alles wie geplant geklappt.

Die Vorbereitung des Flugzeuges und des Piloten

Eine Reise, die durchaus geeignet ist, Mensch und Maschine an ihre Grenzen zu bringen, muss gewissenhaft vorbereitet werden. Und das geht weit über die Betrachtung der Betriebsgrenzen des Flugzeuges hinaus. Diese Betriebsgrenzen werden im Rahmen der Flugerprobung unter mindestens guten, wenn nicht optimalen Bedingungen erflogen, und wenn die Ergebnisse des ersten Versuchs hinter den Erwartungen zurückbleiben, dann kann man den Versuch auch wiederholen.

Bei einer solchen Reise ist das aber ganz anders, denn da kann man Dinge nicht beliebig oft wiederholen. Die Nadel der Brennstoffanzeige kennt in der Luft immer nur eine Richtung.

Die Betriebsgrenzen des Flugzeuges sind das eine, die Betriebsgrenzen des Piloten das andere. Und letztlich kommt es auf die Leistung von Flugzeug und Flieger an, und dass diese Kombination die theoretischen Betriebsgrenzen der Maschine erreicht, ist eher unwahrscheinlich. Das, was noch sicher möglich ist, wird eher deutlich darunter liegen.

Ich will nur ein paar Beispiele dafür nennen. Eine Landung oder ein Start mit einem Spornradflugzeug ist auf einer Asphaltbahn aus verschiedenen Gründen nicht immer ganz einfach, und was einem ausgeschlafenen Testpiloten an einem warmen Sommertag morgens um zehn Uhr nach einer gut durchschlafenen Nacht auf Anhieb und mit zufriedenstellendem Ergebnis gelingen mag, muss dem durchgefrorenen Claus Cordes, der von 5 Stunden Flugzeit in Turbulenz mit vielen Umplanungen des Fluges aus Wettergründen in einem Überlebensanzug, der wenig Bewegungsfreiheit lässt, bei einem Anflug gegen die tiefstehende Sonne, die sich noch dazu in der gewölbten Windschutzscheibe bricht, noch lange nicht gelingen. Zumal, wenn die Beine durch stundenlanges Stillsitzen im engen Cockpit steif und unbeweglich geworden sind, weswegen die Seitenruderbetätigung nur verzögert und grobmotorisch erfolgt.

Wie wird man reagieren, wenn das Wetter am Ziel viel schlechter als prognostiziert ist, wenn aber gleichzeitig Termindruck besteht, weil eine Pressekonferenz angesetzt ist, oder wenn der Brennstoffvorrat nicht mehr so üppig ist? Wann ist der Punkt gekommen, ein Vorhaben abzubrechen und dem Plan B zu folgen, wozu man aber auch einen Plan B haben muss? Einige Ereignisse, die die geschilderten Probleme veranschaulichen, sind mir auf dieser Reise dann auch tatsächlich widerfahren.

Um das Mensch-Maschine-System zu guten Leistungen bringen zu können, muss nicht nur das Flugzeug gut vorbereitet, sondern auch der Pilot muss fit sein. Fit meint hier körperlich und geistig fit. Und bei der körperlichen Fitness spielt das Lebensalter durchaus eine wichtige, wenn auch nicht die einzige Rolle. Man muss da persönlich eine ganz nüchterne Bestandsaufnahme machen. Wie alt bin ich, wie ist es um meinen Kreislauf, die Muskulatur, die Gelenkigkeit, die Sehfähigkeit und auch die Blase bestellt? Wer alle zwei Stunden austreten muss, kann nicht vier Stunden über Wasser fliegen. Lauter Wasser unter einem und kein Wasser lassen können – wie unangenehm. Wer wie ich Kontaktlinsen trägt, muss es schaffen, sie im Flug ohne Spiegel und mit nur einer Hand aus dem Auge zu holen, wenn sie Probleme machen. Und dann aber auch die richtige Brille griffbereit haben – mit einer Hand, denn die andere gehört an den Steuerknüppel. Und wenn sie einem aus der Hand fällt, wo fällt sie dann hin? Komme ich da noch heran, oder verstaue ich da oder woanders noch eine zweite? Wie ziehe ich mich an, wenn es am Boden heiß ist, ich aber so hoch fliegen muss, dass es richtig kalt wird? Ziehe ich bei 25 Grad Wassertemperatur den Überlebensanzug an, oder reicht es, die Schwimmweste anzulegen? Und wie steht es mit Dehydrierung und Unterzuckerung auf einem Flug über mehrere Stunden? Beides sind echte Leistungskiller. Und bei aller Liebe zu einem guten Glas Rotwein und einer kräftigen Zigarre am Abend, leistungssteigernd wirken beide nicht.

Also habe ich viel Ausdauersport betrieben und öfter mal abends ein Glas Tee getrunken, um mich vorzubereiten. Eigentlich mag ich Muckibuden („Fitness-Center“) nicht, aber wenn man eine quasi um die Ecke hat, ist es einfach praktisch. Mein Standardprogramm bestand, so oft es eben ging, aus einer halben Stunde rackern auf dem Crosstrainer und einer weiteren halben Stunde auf der Ruderbank, gefolgt von Dehnungsgymnastik. Bei schönem Wetter bin ich viel Fahrrad gefahren oder mit meinen Stöckern durch den Wald getobt. „Gesunder Geist in einem gesunden Körper!“ Diese Erkenntnis ist wahrlich nicht neu, aber genauso richtig wie alt. Wer eine gekräftigte Rückenmuskulatur hat, hat weniger Rückenschmerzen, und wer keine Rückenschmerzen hat, wird davon beim Nachdenken oder Wahrnehmen nicht abgelenkt. Und wer noch etwas abspeckt, hat mehr Platz im Flugzeug. Bezüglich der anderen menschlichen Faktoren („human factors“) wie Stressmanagement, kognitiver Fähigkeiten und Selbstreflexion kann ich immer noch aus dem schöpfen, was ich in fast vier Jahrzehnten als Verkehrsflugzeugführer gelernt habe. Aber ich habe in meinem Junior wesentlich weniger technische und keine menschliche Redundanz als im Verkehrsflugzeug, das habe ich mir immer wieder klar gemacht. Meine Entscheidungen können nicht beeinflusst oder gar hinterfragt werden.

Letztlich stand über allem, dass ich mir und der Welt nichts mehr beweisen muss. Ich ziehe es nach bestem Wissen und Gewissen einfach durch. Was geht, das geht, und was ich mir nicht zutraue, unterbleibt eben. Nichtfliegen ist oft schwerer als Fliegen, aber bei dieser Gratwanderung die richtige Entscheidung zu treffen, macht den guten Flieger aus. Das ist der, der nicht beweisen muss, dass er einer ist. „Wir warten nicht, wir starten, was immer auch geschieht, durch Wind und Wetter klingt das Fliegerlied!“ mag Hans Albers ja ganz gut zu Gesicht gestanden haben, für das wirklich wahre Leben taugt das aber nicht. An dieser Stelle muss ich der Firma Junkers Aircraft ein großes Lob aussprechen. Nie, wirklich niemals, hat man mich in irgendeiner Weise unter Druck gesetzt, dieses oder jenes da oder dort oder dann zu machen. Ich war immer völlig frei in meinen Entscheidungen.

Auch über eine Reiseapotheke und einen Verbandkasten habe ich mir Gedanken gemacht. Ein paar Schmerztabletten sollte man schon dabeihaben, denn was weiß denn ich, wo die nächste Apotheke ist. Da ich bei fremdem Essen schon mal Sodbrennen bekomme, das einem ja auch den Nachtschlaf rauben kann, gehörte etwas Bullrichsalz auch dazu. Und da Stauraum und Zuladung knapp bemessen sind, habe ich mir sogar über die Menge Zahnpasta, Rasierschaum, Rasierklingen und Kontaktlinsen Gedanken gemacht. Und auch die Kleiderfrage musste geklärt werden. Ein Satz Wäsche am Leib, einer noch gebraucht vom Vortag, den man ja bis abends getragen hat, und einer gewaschen für den nächsten Tag, das musste reichen. Ein Alltagsjeans und eine bessere, falls man doch mal abends irgendwo eingeladen wird, dazu ein Oberhemd und ein Sakko. Damit war die Reisetasche voll.

Alles andere kam in den Gepäcksack im vorderen Cockpit.

Diesen Gepäcksack habe ich mir von der Firma Jaxida maßschneidern lassen. Fliegerkamerad Uli Schwenk hat auf der Aero in Friedrichshafen Maß genommen und mir aus festem, rot leuchtendem Stoff einen sehr voluminösen Gepäcksack angefertigt, der sich bestens bewährt hat. Rot, damit er, wenn man mich in einem Notfall suchen müsste, aus der Luft gut zu erkennen ist.

Dort hinein kam dann alles, was noch mitmusste, und das war nicht wenig. Diverse Ersatzteile, Werkzeug, Motoröl, Papierkarten für die ganze Strecke, Spritkanister, Abdeckplanen und Verzurrmaterial, falls das Fliegerle doch mal draußen schlafen musste. Natürlich auch meine Tabakspfeifen samt Tabaksdose und eine Kiste Zigarren. Dazu verschiedene Überanzüge für die verschiedenen Klimazonen, eine Schwimmweste, ein Überlebensanzug und eine Rettungsinsel.

Damit der Sack nicht in die Steuerung eingreifen konnte, wurde der vordere Steuerknüppel entfernt, ein Abdeckblech über Gas- und Trimmhebel montiert und zwei Streben über Kreuz unterhalb des vorderen Instrumentenbrettes an den dort befindlichen Spant geschraubt.

Da das Mäusekino vor meiner Nase nicht redundant ist, kam noch ein Schnapskompass über das Instrumentenbrett. Höhe kann man sehen, Geschwindigkeit fühlen, Drehzahl hören und Steigen oder Sinken spüren, aber über dem offenen Wasser die Richtung halten, wenn die Sonne nicht scheint, ist so gut wie unmöglich, und wenn ich von Norwegen kommend an den Shetlands oder an Schottland vorbeigeflogen wäre, hätte der Sprit nicht bis Amerika gereicht.

Am wichtigsten war mir aber der starre Holzpropeller. Der funktioniert oder er zersplittert, die Wahrscheinlichkeit für letzteres im Flug geht aber gegen Null. Bloß keine Regelungs- und Steuertechnik, die kann nur kaputt gehen. Und ein neues Höhenleitwerk gab es auch noch. Es hatte im Rahmen der Modellpflege eine etwas größere Flosse bekommen, was dem Flugzeug bzw. seinen Flugeigenschaften sehr gut bekommen ist.

Das Vertrautmachen mit der geplanten Strecke

Insbesondere die Verhältnisse für den Flug um das Nordkap habe ich mir sehr genau angeschaut. Das Wetter kann sich dort schnell und radikal ändern, und dann ist man den Elementen in einem so kleinen Flugzeug schutzlos ausgeliefert. Da auf der geplanten Strecke auch große Wasserstrecken zu überwinden waren, habe ich ein Überlebenstraining auf See absolviert, bei dem ich sehr gut auf alle Eventualitäten vorbereitet wurde. In meiner Jugend war ich Leistungsschwimmer, was allein aber nicht ausreicht, um im Meer ein oder zwei Tage zu überleben. Nach dem sehr anstrengenden

Training war der Respekt vor der selbst gestellten Aufgabe noch größer geworden.

Und dann galt es noch, die unterschiedlichen Regeln in den verschiedenen Ländern zu studieren und so zu notieren, dass sie im Rahmen der Flugvorbereitungen am Vortag eines Fluges schnell zu rekapitulieren waren. Zwar gibt es seit ein paar Jahren die SERA (Standard European Rules of the Air), aber dazu gehören auch opt-outs, also die Möglichkeiten einzelner Länder, bestimmte Regeln nicht einheitlich umzusetzen. Zudem haben manche Nationen beschlossen, die Auflastung der Ultraleichtflugzeuge auf eine maximale Abflugmasse von 600 kg nicht umzusetzen, und deswegen braucht man für diese Länder eine Ein- oder Überfluggenehmigung, die Wochen vorher beantragt werden muss. Erteilt werden diese Genehmigungen aber so gut wie immer – gegen einen entsprechenden Obolus … Und seit das Vereinigte Königreich nicht mehr Mitglied der EU ist, braucht man als Kontinentaleuropäer sogar ein Visum für England.

Unzählige Male habe ich über den Karten gebrütet, die Landschaft, das Wetter und die Lufträume eingehend studiert und mir die Flugplatzdaten angesehen. Immer wieder kamen neue Zweifel an der Durchführbarkeit auf, die sich aber wieder ausräumen ließen und irgendwann habe ich mir gesagt: „Das Restrisiko ist akzeptabel, ich mache es!"

So sah ich mich gut vorbereitet, als ich am Donnerstag, den 05. Juni 2025 morgens um 07:09 Uhr in Lübeck in den Zug stieg. Bis auf meine Reise- und eine Aktentasche hatte ich nichts dabei. Alles andere hatte ich etwa zwei Wochen vorher mit der Post nach Donaueschingen geschickt. Der Rasen im Garten war frisch gemäht, und alles, was man noch so zu erledigen hat, wenn man sechs Wochen verreist, auch.

Das Abenteuer beginnt.

Die Junkers A50
Junior Tour 2025

THE JUNKERS
A50
JUNIOR TOUR

A JOURNEY THROUGH EUROPE WITH ALL SENSES

Donnerstag, 05.Juni

Donaueschingen EDTD - EDTD **Donaueschingen**

17:08 - 17:38 Uhr 00:30 h **0:30 h**

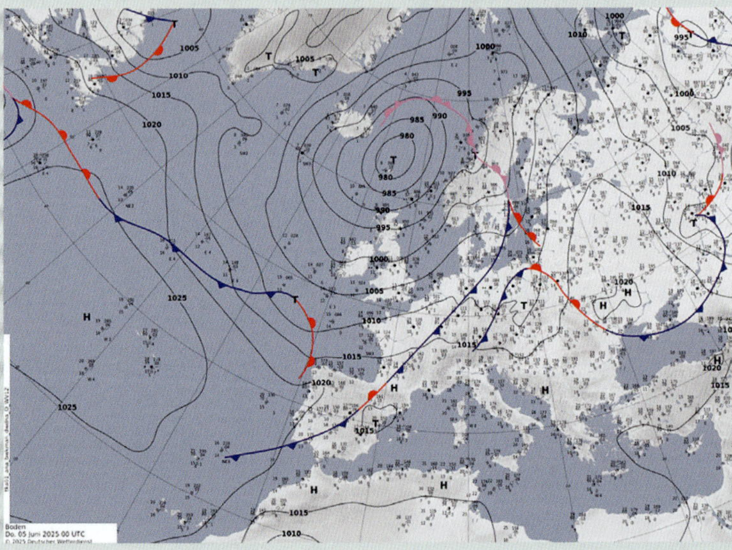

Wetterlage:
Der Bereich Südwestdeutschlands wird vom Durchzug einer Kaltfront geprägt. Am späten Nachmittag herrscht rückseitig aufgelockerte Bewölkung, die Sichten werden gut bis sehr gut.

Erster Flug mit dem neuen Propeller

Um kurz nach vier Uhr nachmittags treffe ich am Bahnhof Donaueschingen ein, und werde von Uli Bronner abgeholt, der mich zum Flugplatz fährt. Dort treffe ich auch auf Patrick Hauser, und die beiden weisen mich in die Veränderungen, die an meinem Flugzeug vorgenommen worden sind, gründlich ein.

Das Wichtigste ist mir, wie ich bereits erwähnte, der neue Propeller. Es ist ein ebenso schlichter wie gutaussehender, starrer Holzpropeller mit 1,83 m Durchmesser, also 8 cm mehr, als der vorher montierte Verstellpropeller aufwies. Der Wegfall der kompletten Steuer- und Regelungstechnik ist mir wichtig, weil die Reise über manche Gegend und manches große Wasser hinwegführen soll, über denen ich Antriebsprobleme irgendwelcher Art wahrlich nicht gebrauchen kann. Und auch ohne das serienmäßig eingebaute Rettungsgerät für das ganze Flugzeug würde ich die Reise nicht antreten. Mit einem Motorausfall ist JEDERZEIT zu rechnen (in meiner Laufbahn hatte ich insgesamt zehn „engine failures"), und bei einem einmotorigen Flugzeug muss man dann runter. Auch wenn ein so kleines Flugzeug keine große Landefläche braucht – sie muss aber vorhanden sein, und man muss sie auch treffen, damit man unversehrt bleibt. Ohne ein solches Landefeld in Reichweite kann / muss man das Rettungsgerät auslösen. Nach dem Auslösen soll das Flugzeug mehr oder weniger in Normallage zu Boden kommen. Die Sinkrate beträgt dabei ungefähr 5 m/s (18 km/h), und das ergibt schon noch einen deftigen Aufschlag. Ein Großteil der Energie wird aber von der Flugzeugzelle aufgenommen, so dass die Insassen das so leidlich überstehen können. Auch eine Vorwärtslandung auf dem Wasser lässt sich damit vermeiden, denn die würde wohl zu ei-

Foto: Cordes

↑ Der neue Holzpropeller mit 1,83 m Durchmesser passt nicht nur optisch sehr gut zum Flugzeug.

Foto: Cordes

← Montage der Kamera auf der linken Flügelspitze

Foto: Cordes

→ Modifikationen im vorderen Cockpit: die gekreuzten Streben verhindern, dass der Gepäcksack auf die Seitenruderpedale rutscht, die schwarze Abdeckung schließt aus, dass Gas- und Trimmhebel beeinflusst werden, der Steuerknüppel ist ausgebaut.

↑ Direkt vor meiner Nase ist der „Schnapskompass" montiert, damit ich jederzeit auf Navigation mit Karte – Kompass – Stoppuhr zurückgreifen kann.

nem Überschlag führen, und dann muss man sich erstmal aus dem Cockpit nach unten ins Wasser befreien. Keine leichte Übung, wenn der Überlebensanzug viel Luft zur Isolation gegen Kälte eingeschlossen hat. Das habe ich bei dem Training deutlich erfahren.

Die Abdeckung des Gas- und des Trimmhebels im vorderen Cockpit und die beiden Streben, die das Verrutschen meines Gepäcksackes verhindern sollten, sind ebenfalls eingerüstet. Über dem hinteren Instrumentenbrett ist ein kleiner Magnetkompass montiert, der mich unter allen Umständen auf den rechten Pfad bringen würde. Die neuen Cockpitscheiben, die im Rahmen der Modellpflege eine etwas andere Form bekommen hatten und auch viel klarer sind, ergänzen die Modifikationen hervorragend.

Es ist Zeit für einen kurzen Probeflug, und das Wetter lädt auch dazu ein. Ich hebe um 17:08 Uhr Ortszeit von der Piste 18 ab, drehe eine erweiterte Runde um Donaueschingen und lande hochzufrieden genau eine halbe Stunde später. Das Fliegerle liegt mit dem neuen Höhenleitwerk besser in der Luft, und der Propeller sieht nicht nur besser aus, er hört sich auch besser an. Der größere Durchmesser macht in Verbindung mit der niedrigeren Drehzahl alle Nachteile eines starren Propellers gegenüber einem Gleichdrehzahlpropeller mehr als wett. Der neue Motor, der wegen des anders übersetzten Getriebes eingebaut worden war, schnurrt brav vor sich hin. Mit dem Verbrauch, den ich wie immer auf 15 Liter pro Stunde eingestellt habe, fliegt mein Junior sogar eine Idee schneller, als es mit dem Verstellpropeller möglich war. So soll die Reise gelingen. Für den bevorstehenden Flug zum Hugo-Junkers-Fest in Dessau muss das vordere Cockpit noch wieder zurückgerüstet werden, damit mein prominenter Gast dort Platz nehmen kann. Dabei fällt noch eine Schraubenmutter trotz aller Vorsorgemaßnahmen nach unten in den Rumpf, aber mit etwas Überlegung, viel Geschick und ganz spitzen Fingern gelingt es, sie wieder hervorzuholen, ohne das halbe Flugzeug zerlegen zu müssen.

Ich verabrede mich mit Uli für den nächsten Morgen, denn wir wollen zusammen mit zwei Flugzeugen nach Dessau zum Hugo-Junkers-Fest fliegen. Beruhigt lege ich mein Haupt auf das Kissen meines Nachtlagers und sehe den kommenden Wochen nicht ohne eine gewisse Anspannung, aber doch sehr zuversichtlich entgegen.

Tag 1 Freitag, 06. Juni

Donaueschingen EDTD - EDQA **Bamberg**		
09:50 - 11:43 Uhr	01:53 h	**02:23 h**
Bamberg EDQA - EDAC **Altenburg**		
13:49 - 14:36 Uhr	00:47 h	**03:10 h**
Altenburg EDAC - EDAD **Dessau**		
16:34 - 17:36 Uhr	01:02 h	**04:12 h**

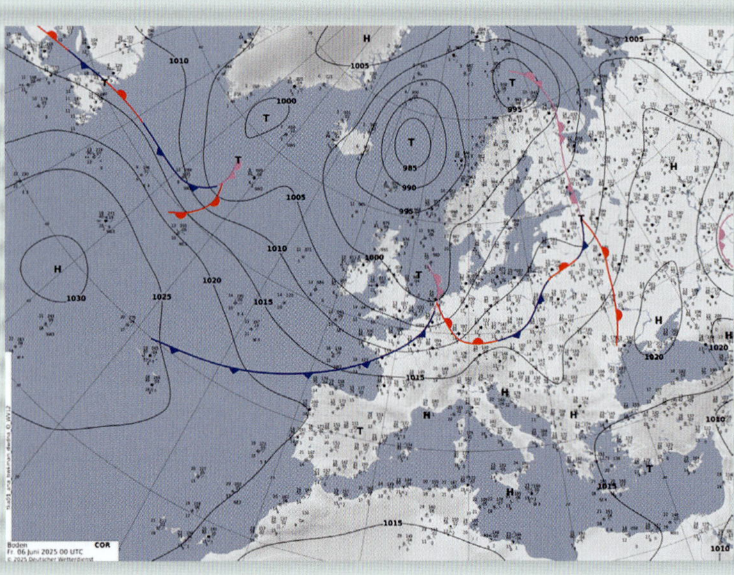

Wetterlage und -entwicklung:
Die Warmfront eines Randtiefs welches von der deutschen Bucht Richtung Schweden zieht, überquert Bayern mit lebhafter Südweströmung bis Ausgangs der Nacht. Dadurch ist feuchte, warme Luft wetterbestimmend. Die zugehörige Kaltfront legt sich am anschließenden Vormittag über Mainfranken, wobei sie - nahezu strömungsparallel ausgerichtet - nur sehr zögerlich nach Südosten vorankommt. Erst gegen Abend überquert sie die Donau.

Als ich nach dem Aufstehen und dem Frühstück im Flugplatzhotel meine Siebensachen im Hotelzimmer packe, höre ich das Lied „Du kannst fliegen!“ von Reinhard Mey und bekomme eine Gänsehaut. Alles, was den Menschen als Last erscheint, wird mit dem Wort „schwer“ in Verbindung gebracht. Deswegen muss das als Schwerelosigkeit empfundene Gefühl beim Fliegen als Befreiung von den Lasten des Alltags empfunden werden. Zusammen mit der schönen Aussicht und dem Nichtgebundensein an feste Bahnen entsteht so ein Gefühl der völligen Freiheit. Fliegen ist mehr als nur Fortbewegung, Fliegen ist höchstes Glück!

Um 09:50 Uhr schieben Uli Bronner, der den Prototypen, die D-MDJU, fliegt, und ich die Gashebel nach vorne und nehmen Kurs Nordost in Richtung Albkante auf. Bei der „lebhaften Südweströmung“ kommen wir schnell voran, die Geschwindigkeit über Grund beträgt zeitweise über 200 km/h. Aber alles hat seinen Preis, und wir werden ganz schön durchgeschüttelt und fliegen deswegen nicht in enger Formation, sondern in Sichtweite miteinander. Wir tauschen angeregt die Geschwindigkeits- und Motordaten aus, und es bestätigt sich, dass mein Holzpropeller im Reiseflug dem Gleichdrehzahlpropeller sogar leicht überlegen ist.

Kurz hinter Rottweil erreichen wir die Albkante und bald kommt die Burg Hohenzollern in Sicht, der Stammsitz des gleichnamigen Adelsgeschlechtes, dass die letzten deutschen Kaiser stellte. Ich denke kurz daran, dass ich mit meinen Eltern vor mehr als 50 Jahren die Burg besichtigt hatte, erinnere mich aber an nicht viel mehr als die Filzpuschen, die man in den Räumen tragen musste, und auf denen man herrlich auf den Parkettböden umherschleistern konnte.

Die Albkante ist eines der „dichtbesiedeltsten“ Segelfluggebiete Deutschlands, Segelfluggelände

↑ Uli Bronner mit dem Prototypen D-MDJU.

→ Die Schwäbische Alb voraus.

folgt auf Segelfluggelände. Über Mössingen und Reutlingen geht es weiter in Richtung Stuttgart, und Uli und ich beschließen, der Hahnweide einen Besuch abzustatten. Flieger kennen den Flugplatz Hahnweide zu Füßen der Burg Teck, da hier viele Segelflugwettbewerbe und das berühmte „Hahnweidetreffen“ stattfinden, zu dem Oldtimer aus ganz Europa einschweben. Nach einigen Jahren Pause hat das Treffen im September 25 mit fulminantem Erfolg wieder stattgefunden.

Wir erbieten aus etwa 200 m Höhe durch Wackeln mit den Tragflächen den Fliegergruß und fliegen weiter Kurs Nordost in Richtung Aalen und Ellwangen. Etwas rechts vom Kurs ist das Nördlin-

Foto: Cordes

Foto: Cordes

↑ Die Burg Hohenzollern, auf 855 m Höhe der Alb vorgelagert.

ger Ries klar auszumachen. Aus der Luft erkennt man den vermeintlichen Einschlagkrater des riesigen Asteroiden, der vor etwa 15 Millionen Jahren hier eingeschlagen sein soll und zwischen Schwäbischer Alb und Fränkischer Alb den nahezu kreisrunden, ebenen Rieskessel erzeugt hat. Das muss ganz schön gerumst haben. Vermutlich, so sieht es aus der Luft jedenfalls aus, waren Schwäbische und Fränkische Alb davor eine durchgängige Landschaftsform, in die der Asteroid eine Bresche geschlagen hat. Schon als Kind haben mir meine Eltern das Ries gezeigt, aber erst aus der Luft ist die umgebende, bewaldete Hügelkette als Kraterrand zu erkennen. Man sollte alle Schulkinder in Flugzeuge setzen und ihnen ihre Heimat aus der Luft zeigen!

Rechts querab ist Nördlingen zu erkennen, meines Wissens Deutschlands einzige Stadt, deren Stadtmauer noch vollständig geschlossen ist.

Weiter geht es Richtung Nürnberg, der einstigen Reichsstadt, die aus der deutschen Geschichte nicht wegzudenken ist. Stolz erhebt sich die Burg im Stadtzentrum und kündet von Zeiten, als Nürnberg reich und mächtig war. Im Südosten ist das Reichsparteitagsgelände immer noch zu erkennen, das vom Tiefpunkt der deutschen Geschichte zeugt. Gut und Böse liegen hier eng beieinander.

Wir erreichen den Rand der Kontrollzone des „Albrecht-Dürer-Flughafens“ über dem Pflichtmeldepunkt „Sierra“, also im Süden und überfliegen Innenstadt und Flughafen in Richtung auf den Ausflugpunkt „Oscar“ im Osten.

Dabei erinnere ich mich an einen Morgenflug von Hamburg nach Frankfurt noch als Copilot im Airbus A306. Schon beim Abflug in Hamburg war klar, dass ein Anflug in Frankfurt wegen des Wetters schwierig werden würde, weil eine Kaltfront mit heftigen Gewittern über das Rhein-Main-Gebiet hinweg zog. Querab Hannover, wir hatten die Reiseflughöhe von 31.000 Fuß (ca. 9500 m) gerade erreicht, hörte ich mal in die Anflugfrequenz von Frankfurt hinein. „Entering holding" und „going around" (wir fliegen in die Warteschleife, wir starten durch) waren die meistgenutzten Sprechgruppen, die ich vernahm. Ich berichtete dies meinem Kapitän, der kurz nachdachte, grinste und dann sagte: „Du willst doch dieses Jahr noch Kapitän werden! Na, dann mach mal!" Er übertrug mir also nicht nur die Aufgabe, das Flugzeug zu fliegen, sondern auch die Entscheidung darüber, wie wir jetzt mit der Situation umgehen sollten. Ich entschied damals, direkt nach Nürnberg zu fliegen, nachzutanken, und das Unwetter über Frankfurt hinwegziehen zu lassen. Als wir dann mit gut zwei Stunden Verspätung in Frankfurt landeten, war Deutschlands größter Flughafen verwaist, aber ich hatte als einer der Wenigen meine Passagiere an ihr Ziel gebracht. Das war damals eine große Geste meines Kapitäns, und ein paar Wochen später bin ich mit gestärktem Selbstbewusstsein und Erfolg ins Kapitänstraining gegangen.

Weiter geht es über die sich nördlich von Nürnberg erstreckende Fränkische Schweiz in Richtung Ebermannstadt zum Flugplatz Burg Feuerstein, wo die Fränkische Fliegerschule beheimatet ist. Wegen des nach wie vor strammen Windes findet dort aber gerade kein Flugbetrieb statt.

Bamberg-Breitenau, der Flugplatz der Universitäts- und Bierstadt Bamberg an der Regnitz, liegt am Nordostrand der Stadt, und da die Platzrunde nördlich des Flugplatzes liegt, muss die Stadt in respektabler Höhe überflogen werden. Der historische Stadtkern, der weitestgehend erhalten ist, der Bamberger Dom mit seinen vier Türmen und das Fischer-Viertel sind gut auszumachen. Die Anflugrichtung bei der vorherrschenden Wetterlage ist 21, also etwa in Richtung 210 Grad der magnetischen Kompassrose, und wir beobachten den Wind, der vom Betriebsleiter aus etwa 270 Grad und mit 15 bis 20 Knoten Stärke gemeldet wird, sehr argwöhnisch. Sollte eine Landung nicht ratsam sein, würden wir durchstarten und zum Feuerstein zurückfliegen, wo der Wind besser zur Landebahnrichtung passen würde, und wo wir auch eine Grasbahn vorfinden würden.

Spornradflugzeuge sind nämlich bei Seitenwindlandungen speziell auf Hartbelagbahnen nicht immer ganz einfach zu handhaben, und obwohl ich nun wirklich viel Erfahrung mit Spornradflugzeugen und auch schon einige Erfahrung mit dem Junior habe, bin da immer noch sehr vorsichtig. Wenn man nicht ganz gerade aufsetzt, und das ist bei der eingeschränkten Sicht aus dem hinteren Cockpit eigentlich kaum hinzubekommen, neigt das Flugzeug wegen der guten Haftung der Reifen auf Hartbelagbahnen dazu, seitlich abzudriften. Wegen der Lage des Schwerpunktes hinter dem Hauptfahrwerk sind Spornradflugzeuge am Boden richtungsinstabil und entwickeln, wenn man nicht schnell und entschlossen gegensteuert, eine Tendenz zum Ausbrechen, die in einem „Ringelpietz" und Beschädigungen am Fahrwerk oder an den Randbögen der Tragflächen enden kann. Wir meistern den Seitenwind jedoch, stellen die Flugzeuge ganz nah an eine der Flugzeughallen in den Windschatten und werden von den anwesenden Fliegerkameraden mit einer heißen Tasse Kaffee begrüßt.

Wenig später melden sich die beiden Junkers F13, die in Altenrhein zum Flug nach Dessau gestartet sind, im Funk, denn Bamberg war als Treffpunkt ausgemacht.

Ab hier würden wir zu viert weiterfliegen, nächster Zwischenstopp soll der Flugplatz Alten-

↓ Der Windsack im Hintergrund zeigt die Notwendigkeit an, die Flugzeuge im Windschatten der Hangars zu parken. Die Cockpitabdeckungen sollen verhindern, dass wir in einer Badewanne weiterfliegen müssen.

burg-Nobitz am östlichsten Zipfel Thüringens sein. Bis wir den Flug in die Skatstadt antreten können, müssen wir aber noch den Abzug der Ausläufer der schon erwähnten Kaltfront abwarten, denn wir wollen den Thüringer Wald überfliegen, der stellenweise Höhen von 800 bis 900 m erreicht, und an dessen Südwestseite sich bei der vorherrschenden Windrichtung Staubewölkung gebildet hatte. Der Flug nach Altenburg dauert schließlich eine gute Dreiviertelstunde, und erfreut stellen wir fest, dass die Junioren und die F13 geschwindigkeitsmäßig sehr gut zusammenpassen.

In Altenburg treffen wir alte Bekannte und beschließen, auf dem Weg nach Dessau einen Überflug in Formation über den Flughafen Leipzig-Halle zu machen. Mein Anruf beim Leipziger Turmlotsen ist von Erfolg gekrönt, und so brummen wir um kurz vor 17 Uhr in westlicher Richtung über die Südpiste 26L und biegen an deren Ende nach Norden ab.

Der Rest des Weges führt uns entlang der Autobahn A9 westlich der Region Bitterfeld vorbei. Ich staune, wie sich das Erscheinungsbild der Landschaft verändert hat, seit ich im März 1990 in der Ju 52 ebenfalls auf dem Weg nach Dessau hier zum ersten Mal entlang geflogen bin. Damals war die Luft schwefelgelb und dreckig, davon ist Gott sei Dank nichts mehr übriggeblieben. Rückseitig von Kaltfrontausläufern herrschen zudem immer gute Sichten, und der einsetzende Sonnenschein lässt die Landschaft in sattem Grün erstrahlen.

Den Hugo-Junkers-Flugplatz fliegen wir von Osten über die Stadt hinweg an, präsentieren uns den schon anwesenden Besuchern in der schon

↑ In Formation mit dem Nachbau der Junkers F13, der „Urmutter“ aller Verkehrsflugzeuge.

← Zwischenstopp in Altenburg, 50+50+13+13=126, meine Lehrgangsnummer an der Verkehrsfliegerschule, es sollte wohl so sein.

trainierten Viererformation und landen nach einer weiten Platzrunde auf der 1000 m langen Asphaltpiste 27.

Mein Junior wird betankt, bekommt für die Nacht einen Hallenplatz, und wir genießen mit unseren Gastgebern das Abendessen auf dem Marktplatz der alten, vom Krieg aber schwer gezeichneten, ehemaligen Residenzstadt an der Mulde.

Der erste Tag ist geschafft!

↑ Im Anflug auf die Piste 26 L des Flughafens Leipzig-Halle.

↓ Nach der Ankunft auf dem „Hugo-Junkers-Flugplatz“ in Dessau.

D er Tag beginnt mit der Abholung im Hotel um 08 Uhr. Auf der Line hätte es dazu geheißen. „Wecken um 07, picken (von pick-up) um 08 Uhr!“

Nach gründlicher Vorflugkontrolle starten wir um 09:35 Uhr nach Zerbst, um uns vor den Gästen des Hugo-Junkers-Flugplatzes noch eine Zeit lang zu „verstecken“, denn das Eintreffen der Formation mit Ehrengast an Bord war den Dessauern für 12.30 Uhr angekündigt worden.

Vorne bei mir im Junior nimmt Charlotte Junkers Platz, die Urenkelin des berühmten Flugzeugbauers. Ich kenne Charlotte schon aus (ihren) Teenager-Jahren, als wir beide, sie als Nachfahrin und ich als Ju-Kapitän, im Abflugterminal des Hamburger Flughafens eine Hugo-Junkers-Ausstellung eröffnet haben.

In Zerbst angekommen, werden wir von den Mitgliedern des örtlichen Fliegervereins mit einem zweiten Frühstück sehr herzlich empfangen und erfahren von den großen Mühen, die nötig waren, um den Flugplatz für den Luftsport zu erhalten. Kompliment an die Kameraden und Glückwunsch zu dem Erfolg. Wir studieren aber auch gemeinsam die Wetterlage, denn für den Nachmittag ist eine deutliche Wetterverschlechterung angesagt, und Uli mit der MDJU und die beiden F13-Besatzungen wollen am späten Nachmittag noch heimfliegen. Die Handlungsoptionen werden durchgesprochen. Da die Reise auch medial begleitet wird, spreche ich in der Wartezeit zum ersten aber nicht zum letzten Mal ein paar salbungsvolle Worte in eine Filmkamera.

Um kurz nach 12:00 Uhr heißt es dann „Motoren an!“ und um 12:12 Uhr heben wir, ich vorweg, von der Graspiste 24 in Zerbst ab, um pünktlich in Dessau zu erscheinen.

Landung um 12:27 Uhr, Motoren aus um 12:30 Uhr, auf die Minute pünktlich. Die Dessauer be-

Tag 2 Sonnabend, 07. Juni

Dessau EDAD-EDUZ **Zerbst**		
09:35 - 09:50 Uhr	00:15 h	**04:27 h**
Zerbst EDUZ-EDAD **Dessau**		
10:12 - 10:27 Uhr	00:15 h	**04:42 h**
Dessau EDAD-EDAD **Dessau**		
16:07 - 16:30 Uhr	00:23 h	**05:05 h**
Dessau EDAD-EDAD **Dessau**		
18:25 - 18:44 Uhr	00:19 h	**05:24 h**
Dessau EDAD-EDAD **Dessau**		
18:59 - 19:14 Uhr	00:15 h	**05:39 h**

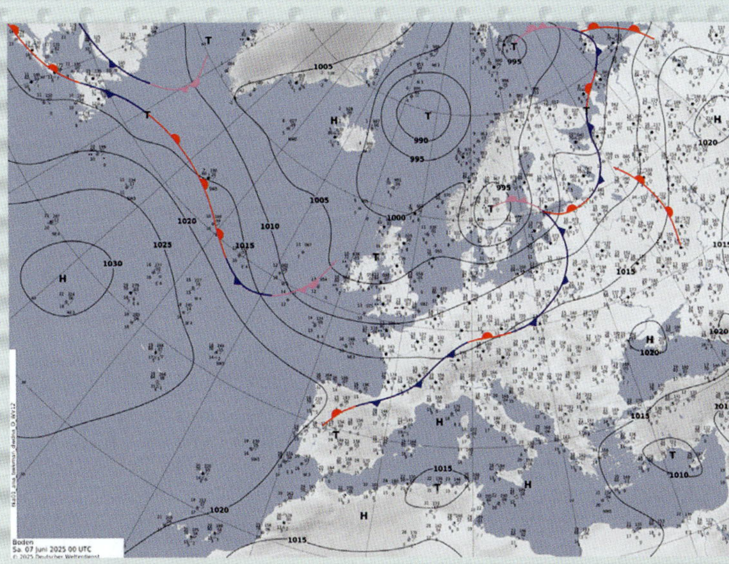

Wetterlage:
Mitten durch Deutschland zieht sich eine Luftmassengrenze, die kalte Luft in der Nordwesthälfte von warmer Luft im Südosten trennt. An Luftmassen grenzen kommt es häufig zu Niederschlägen

Foto: Prinzing

↑ Mit Charlotte Junkers beim Interview.

Foto: Cordes

↑ Erste Landung einer Ju 52 nach dem Krieg in Dessau am 06. März 1990. Links der Autor, Mitte Flugingenieur K.-H. Protze und rechts Bernd Junkers, Enkel von Hugo Junkers.

Foto: unbekannt

grüßen uns mit stürmischem Applaus, und Charlotte und ich werden zum Interview gebeten. Es geht um die Geschichte der Firma Junkers und um meine erste Landung mit einer Ju 52 nach dem Krieg am 06. März 1990 in Dessau. Die Dessauer erliegen aber vor allem dem Charme Charlottes und nicht meinen „ollen Kamellen".

Das war eine aufregende und spannende Zeit kurz nach dem Mauerfall, und die olle Kamelle geht ungefähr so. Im Januar 1990 war ich zuerst mit dem Auto und dann noch einmal im Februar als Gast an Bord einer Antonov 2, des riesigen, einmotorigen Doppeldeckers, der das Kennzeichen DDR-SKA trug, als Vorerkundungskommando in Dessau, bevor wir dann an jenem 06. März mit der Ju 52 dort gelandet sind. Die Begeisterung der Menschen kannte keine Grenzen. Ein alter Herr, der noch bei Junkers gelernt und gearbeitet hatte, nahm meinen Kapitän in den Arm und sagte ihm unter Tränen: „Vielen Dank, dass Sie gekommen sind. Sie geben uns heute unsere Ehre zurück!" Boah, starker Tobak, aber er meinte das wirklich ernst.

Der Blick an den Himmel verheißt nichts Gutes, und mein Junior verschwindet erstmal wieder in der Halle – gerade noch rechtzeitig, bevor er zur blechernen Badewanne geworden wäre. Dann findet das erste von mehreren geplanten „Meet the Pilot"-Treffen mit der Presse statt, und als es am Nachmittag wieder aufklart, mache ich noch einen Fotoflug rund um Dessau, bei der Philipp Prinzing, der Reisefotograf, wunderbare Bilder macht. Später folgen noch drei Rundflüge mit unseren Gastgebern. Dabei gelingt es mir sogar, einer mitfliegenden Dame die Angst vorm Fliegen ein Stück weit zu nehmen.

← Die Bürger von Dessau begrüßen die „Tante Ju".

Foto: Prinzing

↑ Oben Junkers, unten Bauhaus, viel mehr Dessau geht kaum!

→ Der erste Länderaufkleber an der Motorverkleidung.

Abends findet das übliche „Bier und Wurst Gefeiere“ statt, dem ich mich als Ehrengast aber nicht entziehen kann.

Bevor der Flieger nach dieser ersten Etappe am Abend in die Halle geschoben wird, klebe ich noch dem ersten Länderaufkleber an die Motorabdeckung. Im Laufe der Reise werden hoffentlich all die anderen, die ich in meinem Gepäck dabeihabe, nach und nach ihren würdigen Platz finden und von vielen schönen Etappen zeugen.

Foto: Prinzing

Tag 3 Sonntag, 08. Juni

Dessau Hbf. - **Lübeck** Hbf.

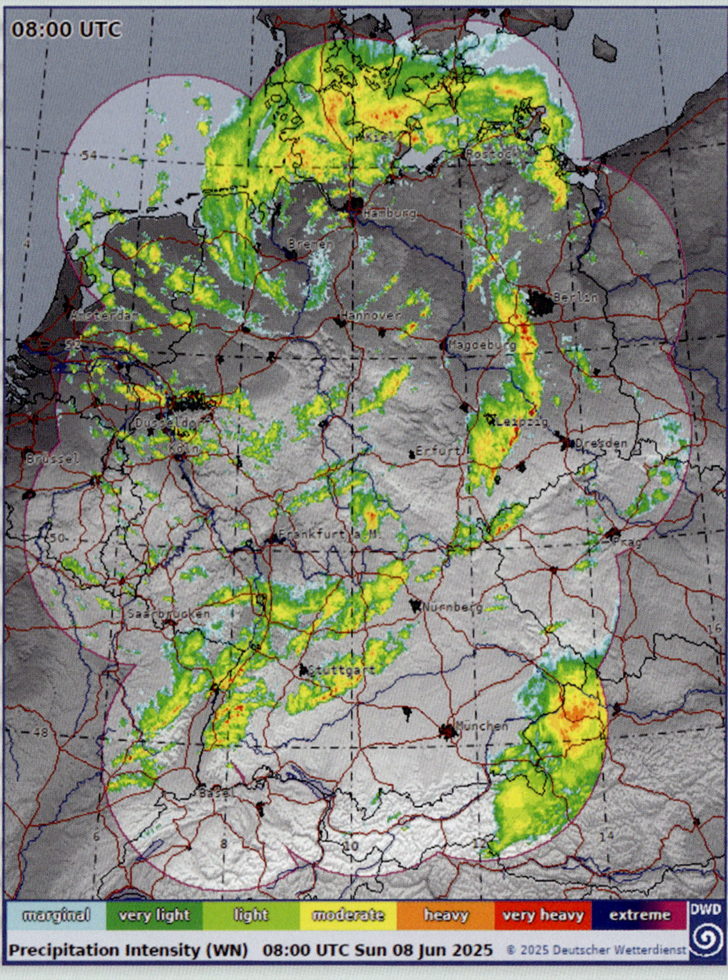

Das Radarbild zeigt das Sauwetter.

Dieser Reisetag findet in der Bahn statt. Der Wind pfeift um die Häuserecken, und es regnet wie aus Eimern. Ich habe schon am Vorabend beschlossen, mit dem Zug nach Hause zu fahren und noch einen Tag mit meiner Frau und unserem Dackelmädchen Erna zu verbringen, denn planmäßig würde ich beide erst einen Monat später auf Mallorca wiedersehen.

Bei der Zugfahrt in den Norden erinnere ich mich an die Wochen und Monate nach dem Mauerfall und an die Zufälle, die mein Fliegerleben entscheidend beeinflusst haben. Wegen der Lage Lübecks direkt an der innerdeutschen Grenze waren wir Segelflieger dort einigen Beschränkungen unterworfen. Meine Bemühungen um Aufweichungen dieser Einschränkungen brachten mich in die Segelflugkommission des Deutschen Aero Clubs, die Mitgliedschaft in der Kommission nach dem Mauerfall sehr schnell in Kontakt mit den Fliegerkameraden in der DDR, und diese Kontakte dann wiederum an Informationen, die die Lufthansa dringend brauchte, damit die Ju 52 nach Dessau fliegen konnte. Das Wichtigste waren Sichtflugkarten der DDR, die natürlich irgendwie streng geheim waren und dem Klassenfeind auf gar keinen Fall in die Hände fallen durften. Irgendjemand hat sie auf dem Tisch liegen lassen, und da waren sie plötzlich weg …

Das war eine aufregende Zeit damals, über die man ein eigenes Buch schreiben könnte – und ich war mittendrin.

Und nur ein halbes Jahr nach der ersten Landung mit der Ju 52 in Dessau machte ich mit ihr Rundflüge vom John F. Kennedy Flughafen aus rund um Manhattan.

Sehr früh am Morgen besteige ich den Zug in Lübeck, werde am Bahnhof in Dessau abgeholt und zum Flugplatz gefahren. Aber die eigentliche Reise beginnt auch heute noch nicht, denn ich muss noch einmal in den Südwesten Deutschlands. Zum einen, weil Motor und Propeller meines Flugzeuges noch neu sind und vor der ganz großen Reise überprüft und gewartet werden müssen und auch, weil am Mittwoch, dem 11. Juni, der Deutschlandflug, der vom Deutschen Aero Club e. V. ausgerichtet wird und alle zwei Jahre stattfindet, vom Flugplatz Lahr aus beginnt. Am Vorabend des Starts findet bei einem feierlichen Abendessen die Eröffnungszeremonie statt, und da darf der Präsident nicht fehlen.

Um kurz nach 12:00 Uhr hebe ich vom Flugplatz Dessau ab und habe mir Nördlingen als Zwischenlandeplatz ausgeguckt. Bei wunderschönem Flugwetter lasse ich Halle links liegen und kann zur Rechten die Ausläufer des Harzes ausmachen. Es geht an Jena vorbei und bei Saalfeld erreiche ich wieder den Thüringer Wald.

Ich erkenne Fürth und Nürnberg zur Linken, und als ich mich dem Nördlinger Ries nähere, fliege ich etwas tiefer, um den Kraterrand noch deutlicher erkennen zu können.

In Nördlingen gelandet, leihe ich mir am Flugplatz ein Fahrrad und radle in die Stadt, um die Atmosphäre zu genießen und einen Pott Kaffee zu schlürfen. Durch ein Tor in der Stadtmauer strample ich später fröhlich zurück zum Flugplatz und verabrede mich telefonisch mit Uli Bronner am Klippeneck, um mit ihm den Rest des Weges nach Donaueschingen zusammen zu fliegen. Der Flugplatz Klippeneck auf der Schwäbischen Alb ist Sportfliegern auch wohl bekannt und ein Leistungsstützpunkt des Baden-Württembergischen Luftsportverbandes.

Tag 4 Montag, 09. Juni

Lübeck Hbf. - **Dessau** Hbf.

Dessau EDAD - EDNO **Nördlingen**

12:16 - 14:56 Uhr	02:40 h	**08:19 h**

Nördlingen EDNO - EDTD **Donaueschingen**

17:03 - 18:20 Uhr	01:17 h	**09:36 h**

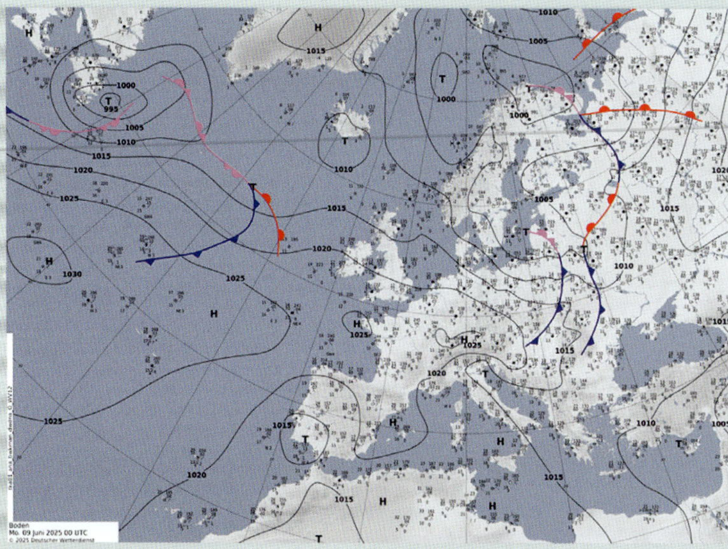

Wetterlage:
Die für das schlechte Wetter am Vortag verantwortliche Kaltfront ist nach Polen abgezogen und über Deutschland herrscht bei frischer Nordweströmung bestes Rückseitenwetter mit aufgelockerter Cumulusbewölkung und den typischen, guten Sichten vor, nachdem die kräftigen Schauer des Vortages die Atmosphäre ordentlich durchgewaschen haben.

↑ Hervorragendes Flugwetter etwa 50 km südwestlich von Dessau .

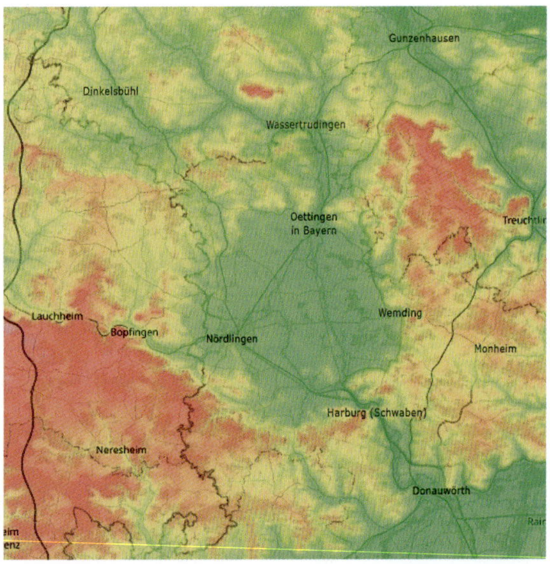

Abends um kurz vor halb sieben treffen wir in „Donau“ ein und stellen die beiden Flugzeuge in die Halle. Ich gehe ins Hotel am Flugplatz, denn der kommende Tag wird anstrengend. Im Hotelzimmer angekommen brüte ich dann noch über Navigations- und Wetterkarten, denn für den Freitag, an dem ich von Suwalki in Polen nach Nummela in Finnland fliegen will, ist frischer Nordwind angesagt, da könnte es mit der Reichweite eng werden, was einen Tankstopp in Lettland oder Estland erforderlich machen könnte.

← Das Nördlinger Ries auf der topographischen Karte abgebildet.

→ Auf dem Flugplatz Nördlingen.

22
D-EMBN
JUNKERS

Tag 5 Dienstag, 10. Juni

Donaueschingen EDTD - EDTB **Baden-Baden Oos**

18:06 - 18:52 Uhr 00:46 h **10:22 h**

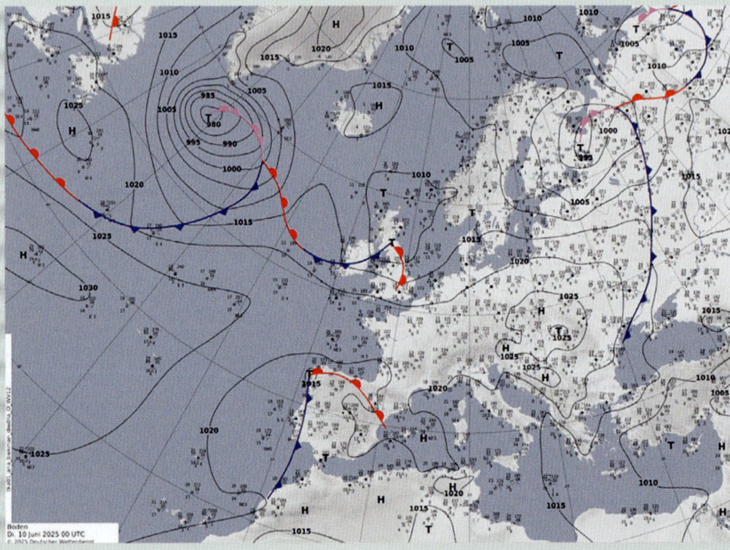

Wetterlage:
Süddeutschland liegt unter Hochdruckeinfluss ohne markante Wettererscheinungen, wie üblich bei solchen Wetterlagen mit zunehmendem Dunst in den unteren Luftschichten

Der nächste Tag ist tatsächlich etwas stressig. Der Flieger ist zwar tip top in Ordnung, aber die Installation der Außenkameras gestaltet sich ein wenig nervig. Ich bin auch wahrlich kein Computerfreak und bekomme die Fernbedienung aus dem Cockpit nur sehr zögerlich zum Laufen. Vor allem nutze ich den Tag aber, um mich unter Anleitung in einfachen Wartungsarbeiten wie Zündkerzen- oder Ölfilterwechsel zu üben.

Der vordere Steuerknüppel wird wieder aus- und die Streben zum Schutz des vorderen Fußraumes werden wieder eingebaut. Der rote Packsack wird ins vordere Cockpit gehievt und sorgsam gefüllt – es passt tatsächlich alles hinein.

Am späten Nachmittag fliege ich bei dunstigem Wetter noch über den Schwarzwald nach Baden-Baden Oos. Die dort beheimatete Fliegergruppe Gaggenau feiert in diesem Jahr, wie viele andere Vereine auch, ihr 75-jähriges Bestehen. Am 04. August 1950 wurde in Gersfeld/Rhön der Deutsche Aero Club gegründet, und überall im Land schossen in diesem Jahr Luftsportvereine und Flugvereinigungen aus dem Boden. Wer begeisterter Flieger ist und lange nicht fliegen durfte, wird das nachvollziehen können.

Die Kameraden hatten mitbekommen, dass ich zur Eröffnung des Deutschlandfluges nach Lahr fliegen würde und mich daraufhin zu einem Grillabend eingeladen. Natürlich wurde ich zu meinen Reiseplänen ausgiebig befragt, und wir haben einen schönen Frühsommerabend auf dem Flugplatz verbracht..

Morgens werde ich von den Kameraden noch durch Baden-Baden gefahren und bekomme sogar die Spieltische im berühmten Casino zu sehen. Dann geht es zurück zum Flugplatz, ich bedanke mich artig und mache mich bei bestem Wetter auf den kurzen Weg nach Lahr. Dort verbringe ich den Rest des Nachmittages mit dem Tanken des Flugzeuges, der sonstigen Vorbereitung des Fluges für den nächsten Tag und der Begrüßung der Teilnehmer des Deutschlandfluges, die aus allen Himmelsrichtungen einschweben.

Abends findet die Eröffnungsveranstaltung statt, und natürlich muss ich auch ein paar Worte an die teilnehmenden Crews und auch an die vielen fleißigen Helferlein richten, die seit Monaten und fast alle ehrenamtlich mit der Vorbereitung befasst waren.

Es geht früh ins Bett, denn am nächsten Tag gilt es, eine weite Strecke zu bewältigen.

Foto: Fotograf namentlich unbekannt

↑ Die Spieltische im Casino von Baden-Baden.

Tag 6 Mittwoch, 11. Juni

Baden-Baden Oos EDTB-EDTL **Lahr**

12:56 - 13:24 Uhr 00:28 h **10:50 h**

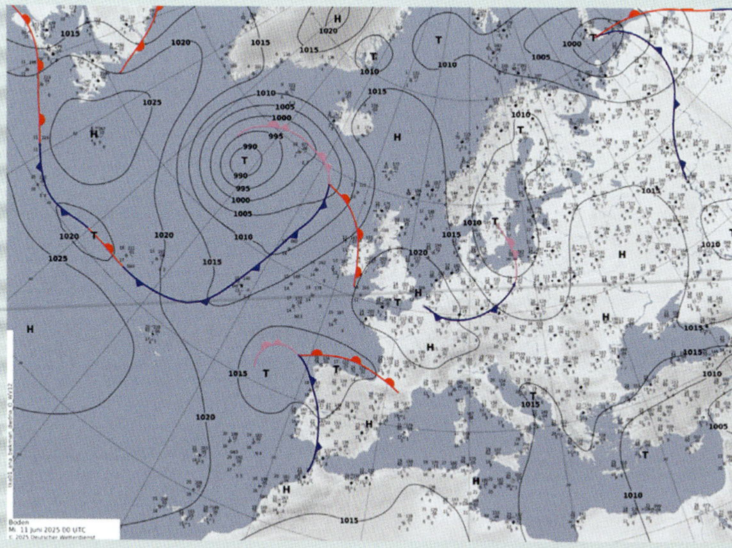

Wetterlage:

Mit der Drehung der Luftmasse im Uhrzeigersinn um den Kern des Hochdruckgebietes über Frankreich strömt kühle Luft von der Nordsee weit nach Süddeutschland. Die frontalen Erscheinungen sind aber wegen des hohen Luftdruckes sehr schwach ausgeprägt. Das Tief über Südschweden verdient wegen seines Einflusses auf das Baltikum Beachtung.

Tag 7 Donnerstag, 12. Juni

Lahr EDTL-EDCM **Kamenz**		
08:11 - 12:20 Uhr	04:09 h	**14:59 h**
Kamenz EDCM-EPSU **Suwalki**		
13:12 - 18:03 Uhr	04:51 h	**19:50 h**
Suwalki EPSU-EPSU **Suwalki**		
19:15 - 20:03 Uhr	00:48 h	**20:38 h**

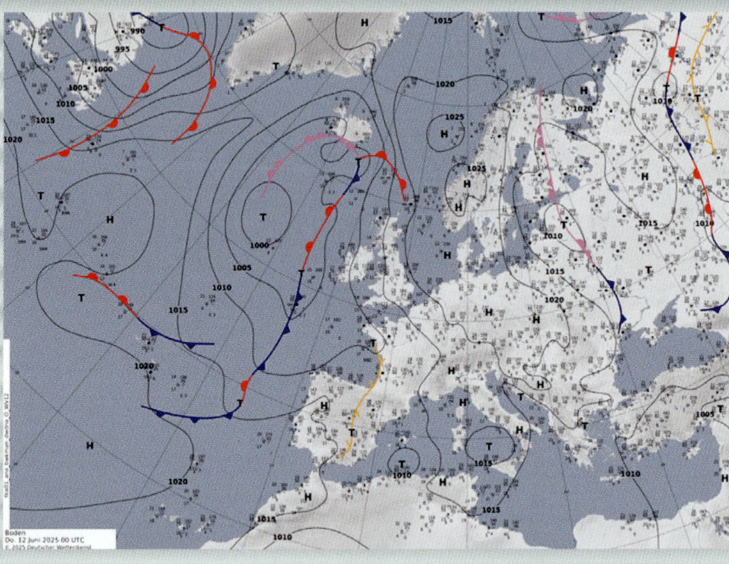

Wetterlage:
Das Tief, das am Vortag noch über Südschweden lag, ist ins Baltikum abgezogen. Die geplante Flugstrecke beginnt am Morgen im Südwesten Deutschlands unter Hochdruckeinfluss und endet am Abend hinter der nach Weißrussland abziehenden Kaltfront.

Jetzt geht es wirklich los.

Die Wetterkarte zeigt mir, dass ich zum Auftakt der Reise ausgesprochenes Wetterglück habe. In dem Hochdruckgebiet, das sich zwischen dem Tief westlich von Irland und dem über dem Baltikum über ganz Mitteleuropa erstreckt, habe ich freie Bahn. Der Richtung Polen abnehmende Abstand der Isobaren (Linien gleichen Luftdrucks) zeigt aber an, dass der Wind mit Annäherung an mein Ziel stetig zunehmen wird. Auf der Strecke wird der Wind rechtwinklig zum Kurs wehen, das ist dann wenigstens kein Gegenwind, denn bei der relativ geringen Fluggeschwindigkeit der Junkers wirkt sich stärkerer Wind sehr deutlich aus.

Dafür ein einfaches Beispiel: fliegt man mit einer Fluggeschwindigkeit von 150 km/h gegen einen Wind mit 50 km/h Geschwindigkeit an, erzielt man über Grund gerade noch eine Geschwindigkeit von 100 km/h. Fliegt man in die andere Richtung, also mit Rückenwind, erreicht man 200 km/h, ist also doppelt so schnell. Dieser Effekt ist umso größer, je langsamer das Flugzeug ist. Deswegen habe ich es mit einem Fieseler „Storch", der extrem langsam fliegen kann, auch schon geschafft, über Grund rückwärts zu fliegen.

In Suwalki muss ich bei der Landung hingegen mit viel Seitenwind rechnen, aber die Asphaltpiste 10/28 ist relativ breit und südlich von ihr liegt noch eine breite Grasbahn, es gibt also keinen Grund sich Sorgen zu machen.

Um kurz nach 08 Uhr rolle ich zur Startbahn, ein paar Minuten später als geplant, denn eigentlich wollte ich um Punkt 08 Uhr, wenn der Flugplatz öffnet, den Startlauf beginnen. Aber irgendwas oder irgendjemand kommt immer dazwischen. Ich kann Unpünktlichkeit nicht leiden, schon gar nicht, wenn ein langer Tag bevorsteht. Meine Besatzungen werden sich sicher daran er-

Foto: Cordes

↑ Barockschloss Ludwigsburg.

innern, welch finstere Miene ich bei Verspätungen jeder Art immer aufgesetzt habe. Wir sind erst um 07:10 Uhr statt wie verabredet um 07:00 Uhr vom Hotel abgefahren.

Nach dem Start auf der Piste 03 drehe ich rechts, Kurs ungefähr 50 Grad. Der Blick gegen die Morgensonne lässt den Schwarzwald wirklich schwarz erscheinen. Die Luft ist noch völlig ruhig, der Wind weht schwach aus Nordwest, also von links.

Aus einer Flughöhe von etwa 1000 m blicke ich auf die kleinen Dörfer in den Tälern, folge mit den Augen den Läufen der Bäche und den Windungen der Wege und Straßen. Ich fliege nordwestlich um die Kontrollzone von EDDS (Stuttgart) herum über Ludwigsburg hinweg. Eigentlich ist es eine Schande – ich bin bei Flügen von und nach Stuttgart bestimmt hundert Mal über das UKW-Funkfeuer Luburg LBU an- oder abgeflogen, aber das Ludwigsburger Schloss sehe ich heute zum ersten Mal. Es ist nach Auskunft von Wikipedia das größte und einzige unzerstörte Barockschloss Deutschlands. Barockschloss ist an der Symmetrie klar zu erkennen, aber dass es das einzige unzerstörte ist, wusste ich vorher nicht. Reisen bildet eben doch.

Die nächste Perle Deutschlands oder Europas auf meiner Reise ist Rothenburg ob der Tauber. Die kleine mittelfränkische Stadt ist wegen ihrer vielen Baudenkmäler und ihres fast vollständig erhaltenen Stadtbildes weltbekannt und auch aus der Luft eine echte Sehenswürdigkeit. Kaum zu glauben, dass Ende März 1945 auch auf dieses Juwel ein Bombenhagel niederging, der Gott sei Dank keine allzu großen Schäden angerichtet hat.

Weiter geht es auf Erlangen zu, wieder vorbei am Feuerstein Richtung Bayreuth. Auf dem

↑ Rothenburg ob der Tauber.

Flugplatz nimmt gerade das Starterfeld eines Segelflugwettbewerbs Aufstellung. Der „Grüne Hügel", auf dem Richard Wagner sein Opernhaus hat errichten lassen, ist zu erkennen, und ich höre zwischen Motor- und Windgeräusch in meinem Kopf den Ritt der Walküren. Wahrscheinlich ist es die Ehrfurcht vor meinem eigenen Vorhaben, die mich ausgerechnet diese Melodie summen lässt. Aber ich werde alles daransetzen und auf dieser Reise alle Vorsicht walten lassen, damit ich nicht von den Walküren aus dem Gefolge des Gottvaters Odin als „Ehrenvoll am Nordkap den Fliegertod gestorbener" nach Walhall geführt werde. Irgendwie passt diese nordische Mythologie zum ersten Teil meiner Reise. Voraus erheben sich die Hügel des Fichtelgebirges. Diese Ecke Deutschlands ist mir von zwei Segelflugsommerlagern gut bekannt. Links zieht die Stadt Hof vorbei und vor mir liegt das Vogtland. Ich passiere Zwickau und erreiche Chemnitz. Von dort mache ich einen kleinen Abstecher nach Frankenberg, wo Vorfahren mütterlicherseits zu Hause waren, die ich um 1970 dort mit meiner Mutter besucht habe. Ich erkenne den kleinen Bahnhof, in dem ich als kleiner Junge die damals in der DDR noch zahlreich eingesetzten Dampflokomotiven bewundert habe. Mein Weg führt mich weiter an der Autobahn A4 entlang. Schon von weitem ist das glitzernde Band der Elbe zu erkennen, die ich zwischen Meißen und Dresden überfliege. Stolz erhebt sich links die Albrechtsburg über die für ihre Porzellanmanufaktur weltbekannte Stadt, und zur rechten liegt Elbflorenz. Vom Flughafen Dresden Klotzsche aus habe ich mit der „Tante Ju" viele Rundflüge über diesen schönen Flecken Erde gemacht. Mir kommt eine andere Anekdote meiner Linienfliegerzeit in den Sinn. Ich war als Kapitänsanwärter im Anflug auf Klotzsche so sehr mit meinem Ausbildungskapitän in eine Diskussion über das Anflugverfahren vertieft, dass wir vergessen hatten, den Turmlotsen zu rufen und ohne Landefreigabe niedergekommen sind. Als wir beide das mit hochroten Ohren bemerkten und uns beim Lotsen entschuldigten, entgegnete der trocken. „Nu, die „Dräsdn“ (Dresden war der Taufname der D-AIPU) darf immer in Dresden landen!“ Glück gehabt.

Vor mir liegt das wunderschöne Renaissanceschloss Moritzburg, das gleichzeitig der Pflichtmeldepunkt M (Mike) für den Sichtanflug auf Klotzsche ist. Ich habe mich diesmal rechtzeitig gemeldet, und natürlich will der Turmlotse meine kleine Junkers bestaunen. Ich zeige sie ihm bei einem Überflug in 150 m Höhe und fliege weiter auf Kurs.

Nun ist es nicht mehr weit bis Kamenz, wo ich eine Zwischenlandung geplant habe, denn das Flugzeug braucht Benzin und ich eine Pause. Um 12:20 Uhr lande ich auf dem kleinen Flugplatz und

Foto: Cordes

Foto: Cordes

↑ Im Hintergrund das Jagdschloss Moritzburg.

← Anflug auf Kamenz, die Piste im oberen rechten Bildrand.

Foto: Cordes

↑ Flug über die Oder.

werde freundlich in Empfang genommen. Meine Flugmaschine bekommt ihr Benzin und ich eine Tasse Kaffee. Nach einem kurzen Plausch mit den ortsansässigen Fliegern und einem Gang in die keramische Abteilung des Flugbetriebsgebäudes mache ich mich für den Weiterflug bereit, Suwalki in Nordostpolen heißt das Ziel. Ein kurzer Anruf beim Wetterdienst bestätigt die Prognose vom Vortag. Bei meiner Ankunft, es sind ja noch etwa fünf Stunden bis dahin, werden die Reste des Schlechtwettergebietes nach Weißrussland weitergezogen sein. Der Nordwestwind wird aber auf der Strecke beständig zunehmen, kein Problem. Um 13:12 h, also nach einer knappen Stunde am Boden, hebe ich wieder ab. Kamenz wäre sicher einen längeren Aufenthalt wert gewesen, aber ich stehe ein wenig unter Zeitdruck, denn jetzt ist es Donnerstagmittag und in 44 Stunden soll ich auf dem Flugplatz Kauhava in Finnland sein. Zeitdruck ist kein guter Ratgeber beim Fliegen, aber das Wetter ist gut, und es spricht wirklich nichts gegen einen Weiterflug.

Nach dem Start geht es ohne Kursänderung entlang der Schwarzen Elster Richtung Nordnordost in Richtung Guben zunächst an Hoyerswerda und Spremberg vorbei. Wie anders muss die Seenlandschaft vor dreißig, vierzig Jahren ausgesehen haben, als hier die Braunkohle aus der Erde geholt wurde. Sicher war der Wandel eine große und schmerzhafte Umstellung für die Menschen in der Oberlausitz, aber hier muss es ja wirklich wie auf dem Mond ausgesehen haben.

Als ich die Oder überfliege, verlasse ich Deutschland, und wenn die Reise planmäßig verläuft, werde ich erst in einigen Wochen wieder, dann von Süden kommend, mein Heimatland erreichen. Der polnische Lotse vom Flugberatungsdienst empfängt mich freundlich und spricht hervorragend Englisch. Es geht nördlich an Zielona Gora

Foto: Cordes

↑ Die Weichsel fließt zur Ostsee.

vorbei und die unendlich großen Waldgebiete, die unter mir liegen, beeindrucken mich. „Jetzt ist Langstrecke". Es geht immer geradeaus, und ich pflege meinen Flugdurchführungsplan gewissenhaft. Ein Flugdurchführungsplan listet die geplanten Wegpunkte eines Fluges auf, die natürlich auch in die Karte eingezeichnet werden. Dort sind sie mit einer Kurslinie verbunden, und an diese Kurslinie werden dann Zeitmarken eingezeichnet. Wenn man einen Wegpunkt überflogen hat, wird die Überflugzeit notiert, und damit kann man z. B. 10 Minuten nach dem Überflug sehen, wo auf der Kurslinie man jetzt sein müsste. Ist dort eine Stadt, eine Eisenbahnlinie oder ein See in die Karte eingezeichnet, und findet man den auch in der Landschaft wieder, weiß man, dass man auf Kurs ist. Bei klarer Sicht, so wie heute, ist das kein großes Hexenwerk, aber wenn das Wetter schlecht ist, oder wenn man Regenschauer weiträumig umfliegen muss, kommt diese Art der Navigation schnell an Grenzen, dann muss man den Finger mit der richtigen Geschwindigkeit über die Karte bewegen, um noch zu wissen, wo man gerade ist. Einfacher ist es dann, an einer Autobahn, einer Eisenbahnlinie oder an einem Fluss oder Kanal entlangzufliegen. Das geht aber auch nur so lange, wie man dabei kein Sperrgebiet oder einen anderen gesperrten Luftraum durchfliegen muss. Dann wird es knifflig. Unsere Altvorderen hatten keine anderen Möglichkeiten, zu navigieren, wir haben es da heute sehr viel leichter. Mein Junior hat dem Stand der Technik entsprechend ein Satellitennavigationssystem und ein kleines Flugzeugsymbol wandert über eine elektronische Karte. Außerdem ist man mit dem abgestrahlten Transpondersignal auf dem Radarschirm des Lotsen sichtbar, wenigstens die oder der weiß dann immer, wo man gerade ist. Trotzdem sollte man IMMER selbst wissen, wo man gerade fliegt. Denn alle Technik kann auch mal den Dienst quittieren, so dass man von einem Augenblick auf den anderen wieder auf sich allein gestellt ist. „Plane Deinen Flug und fliege Deinen Plan!" lautet ein weiser Rat für solche Flüge.

Meine Flugstrecke führt mich vom Meldepunkt ARSAP südlich von Frankfurt/Oder mit Kurs ungefähr 060 Grad zunächst durch den nordwestlichen Teil Oberschlesiens südlich an Gorzów Śląski (Landsberg) vorbei und weiter Richtung Bydgoszcz (Bromberg) unweit der Weichsel gelegen. Eine halbe Flugstunde später erreiche ich Grudziadz (Graudenz) am Ostufer der Weichsel.

Das Stadtbild ist von meiner Warte aus durch die mächtigen Backsteinspeicher am Ostufer des Flusses geprägt, die von der Blütezeit der Stadt als Zentrum des Getreidehandels im Kulmerland zeugen. Die Weichsel hat von hier aus keine 100 km Luftlinie mehr zu fließen, bis sie östlich von Gdansk (Danzig) in die Ostsee mündet. In ihrem Flussbett liegen einige Sandbänke, ich weiß aber nicht, ob das am Niedrigwasser liegt. Die Schiffer, die ihre vollbeladenen Getreidekähne in Richtung Danzig bringen mussten, kannten sich damit aber bestimmt aus.

Die nächste mir aus Erzählungen bekannte Stadt ist Olsztyn (Allenstein) im Ermland im Westteil der masurischen Seenplatte. Wälder und Seen prägen die so friedlich daliegende Landschaft, die schon so viel Elend gesehen hat. Als ewiger Zankapfel zwischen Polen und Preußen hat die Herrschaft in diesem Teil immer wieder gewechselt. Im August 1914 fand südlich von Allenstein die Tannenberg-Schlacht statt. Stünde das Denkmal noch, hätte ich noch einen Abstecher dahin gemacht, aber Wehrmachtspioniere haben es gesprengt, als die Rote Armee vorrückte. In diesen Tagen muss es hier grauenvoll zugegangen sein. Als Schleswig-Holsteiner sind mir all diese Städtenamen aus Kindertagen bekannt, weil es ja viele Ost- und Westpreußen und Pommern auf der Flucht zu uns nach Schleswig-Holstein getrieben hat, die außer ihren Erinnerungen und ihrer Sprache nicht viel mitgebracht haben. So wurde ich denn als kleiner Junge auch mal als „der klejne Lorbass“ (mit rollendem R) gerufen. Heute bin ich entsetzt, dass es manchmal hieß: „Zu denen gehen wir nicht, das sind Flüchtlinge!“

Je weiter ich jetzt nach Osten vorankomme, desto stärker macht sich der Einfluss des nach Weißrussland abziehenden Tiefdruckgebietes bemerkbar. Der Nordwestwind frischt immer mehr auf und erreicht so nach und nach 60 km/h Geschwindigkeit. Dadurch bilden sich Wolkenstraßen, der Traum eines jeden Segelfliegers. Man kann unter ihnen sehr schnell vorankommen. Wolkenstraßen entstehen bei hohen Windgeschwindigkeiten, wenn sich die Auf- und Abwindgebiete bänderförmig anordnen. Da, wo die Luft aufsteigt, bilden sich bei ausreichender Luftfeuchtigkeit die Wolkenbänder, dazwischen geht es auf der anderen Seite der Walze aber auch kräftig abwärts. Als Faustregel gilt: der seitliche Abstand der Wolkenstraßen entspricht ungefähr der zweieinhalbfachen Höhe der Wolkenbasis. Ich kann die Straßen heute nicht nutzen, muss aber wenigstens nicht gegen den Wind vorankommen. Aber dass es unter den Wolken kräftig aufwärts und dazwischen kräftig abwärts geht, bekomme ich sehr deutlich zu spüren. Und wieder einmal ist es vorteilhaft, Segelflieger zu sein. Ein reiner Motorflie-

↓ Die Kornspeicher an der Weichsel.

Foto: Cordes

ger würde wahrscheinlich im Sinken versuchen, die Höhe zu halten und dabei sehr langsam werden oder die Motorleistung erhöhen. Ein Segelflieger fliegt stoisch durch und akzeptiert den andauernden Höhenwechsel, solange er nicht zu hoch oder zu tief kommt. Meine Flughöhe schwankte also ziemlich, und der FIS-Lotse mag sich gewundert haben – oder er war selbst Segelflieger.

Der stramme Nordwestwind über Masuren lässt herrliche Wolkenstraßen entstehen. Da, wo die Wolkenunterseiten dunkel sind, geht es kräftig aufwärts.

Kurz vor Suwalki ist es nicht mehr weit bis zur Enklave Kaliningrad, und ich bin darauf vorbereitet, dass die Russen mein GPS nachhaltig stören würden. Deswegen konzentriere ich mich auf die Koppelnavigation, bis die Stadt Suwalki am Horizont auftaucht. Der Flugplatz mit seiner Piste 08/26 ist gut zu erkennen, und ich erreiche den rechten Gegenanflug im Norden des Platzes. Da ich ihn nicht kenne, und ich die neben der Asphaltpiste liegende Grasbahn nicht zweifelsfrei ausmachen kann, fliege ich die Hartbahn an. Mit 30 m ist sie auch bei dem frischen Nordwestwind, der mir eine ordentliche Seitenwindkomponente beschert, breit genug, wenn das Flugzeug sich nach dem Aufsetzen in den Wind dreht.

Auf dem Vorfeld angekommen lerne ich Filip Modrzejewski, einen polnischen Luftfahrtfotografen kennen, der sich mit einer 172er Cessna von Warschau aus hat herfliegen lassen. Da die Zeit ein wenig drängt, tanke ich nur ein paar Liter nach, und dann machen wir noch einen Fotoflug. Wegen der inzwischen fast geschlossenen Wolkendecke stei-

↑ Masurische Seenplatte.

↑ Im starken Nordwestwind bilden sich Wolkenstraßen.

gen wir durch ein Wolkenloch in die Abendsonne, und es gelingen wunderschöne Luftaufnahmen. Da wir aber 2500 m hoch fliegen müssen, wird es frisch. Der Nordwestwind führt ja ohnehin schon eine mp-Luftmasse heran. Eine mp-Luftmasse ist eine maritim-polare, also nasskalte Luftmasse, weswegen die Temperatur in der Fotoflughöhe auch nur um den Gefrierpunkt liegt. Ich habe heute aber schon fast 10 Flugstunden auf der Uhr, und Müdigkeit verstärkt das Frösteln. Wenn es nach mir gegangen wäre, hätte der Fotoflug nicht mehr stattgefunden, aber der Aufwand, den Filip auf sich nimmt, ist enorm und soll nicht umsonst gewesen sein. Die entstandenen Fotos sind alle Anstrengungen wert.

Die Landung mache ich jetzt, wo ich mich auf dem Flugfeld besser auskenne, auf der Grasbahn, denn der Wind weht immer noch stramm quer zur Bahn, und die Motorik des Menschen wird nicht besser, wenn er friert und müde ist.

Das Flugzeug wird eingehallt, es ist Zeit für den Feierabend, hinter mir liegen viele Stunden Flugzeit. Die Kameraden des Fliegerclubs haben mir ein Zimmer im Vereinsheim vorbereitet. Wir fahren noch schnell in einen Supermarkt, kaufen Spaghetti, Tomatensoße und Rotwein ein und bereiten uns in der Küche ein schmackhaftes, wenn auch nicht ortstypisches Abendessen vor. Ich erzähle ein wenig von meinem Fliegerleben und von meinen Plänen für die Reise, aber auch der nächste Tag muss noch vorbereitet werden. Das Ziel Nummela liegt 700 km weiter im Norden. Bei normalen Bedingungen ist das gut zu schaffen, aber der Wind wird mir wieder ins Gesicht blasen, und die „air-miles" werden dadurch deutlich zunehmen. Air-miles bezeichnen die Distanz, die durch die Luft geflogen werden muss, und die ist bei Gegenwind eben (erheblich) länger. Da der Zielflugplatz zudem auf der finnischen Seite der Ostsee nahe an der Küste liegt, ist ein vorgezogene Landung kurz vor Ende des Fluges, wenn der Sprit doch knapp werden sollte, nicht möglich. Nach Studium des Wetterberichtes gebe ich spät abends noch meinen Flugplan auf. In Jürmala /EVJA in Lettland gibt es angeblich den passenden Treibstoff, und von da kann ich Nummela ohne Probleme erreichen. Ich „haue mich in die Falle“ und schlafe tief und fest – frischluftvergiftet, wie meine Frau immer sagt.

Foto: Modrzejewski

↑ An der Tankstelle in Suwalki.

↓ Abendlicher Fotoflug über Suwalki.

Tag 8 Freitag, 13. Juni

Suwalki EPSU - EPSU **Suwalki**

09:50 - 11:00 Uhr	01:10 h	**21:48 h**

Suwalki EPSU - EVRA **Riga**

12:20 - 15:24 Uhr	03:04 h	**24:52 h**

Riga EVRA - EFNU **Nummela**

17:33 - 21:56 Uhr (Zeitunterschied 1 h)	03:23 h	**28:15 h**

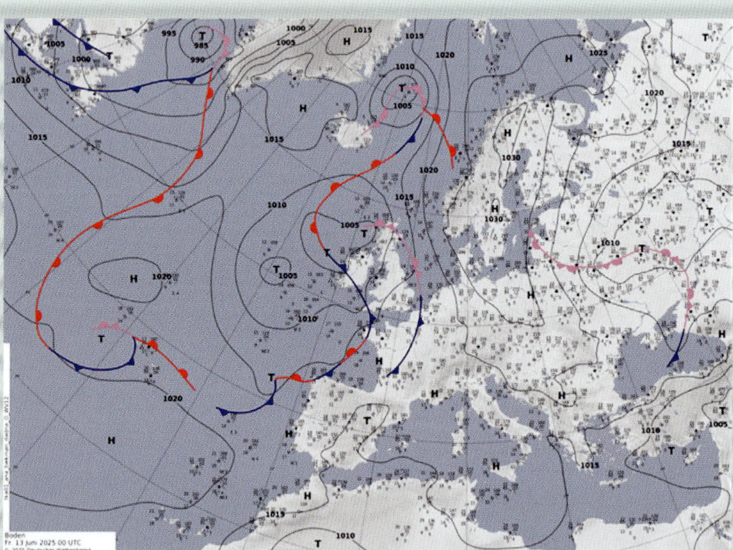

Wetterlage:
zwischen einem Hochdruckgebiet mit Kern über Mittelschweden und einem Tief an der Grenze von Weißrussland zur Ukraine kommt es zu einer lebhaften nördlichen Luftströmung. Die Ausläufer der okkludierten Front über Lettland werden unter Hochdruckeinfluss schwach ausgeprägt sein. Ergo: bis auf den Gegenwind gutes Flugwetter.

Die Windvorhersage des DWD:
Höhenwinde (im Bereich des geplanten Flugniveaus): In 2000 FT AMSL: Aus N bis NNW mit 15-20 KT, maximal 25 KT.
In 3000 FT AMSL: Aus NNW mit 15-20 KT, maximal 25 KT.

Das bedeutet bei dem generell nördlichen Kurs eine Geschwindigkeit über Grund von lediglich etwa 100 – 120 km/h, ich würde also in jeder Minute gerade einmal knapp 2 km Strecke schaffen. Bei der Entfernung von 700 km bis Nummela würde das in grober Näherung eine Flugzeit von über sechs Stunden bedeuten, dann würde ich, vorausgesetzt das der Wind nicht noch stärker wird, mit etwa einer halben Stunde Restkraftstoff in Nummela ankommen. Und das wegen des Flugs von Estland über die Ostsee ohne die Möglichkeit, kurz vorher auf einem anderen Flugplatz zu landen und nachzutanken. Das lassen wir mal lieber.

Freitag, der 13! Eigentlich glaube ich nicht an solchen „Spiök“ oder „Spökenkiekerkram“ wie man bei mir zu Hause sagt, aber dieser Tag hat das Zeug, mich eines Besseren zu belehren.

Ziel ist, wie schon erwähnt, der Flugplatz Nummela westlich von Helsinki. Von dort würde ich es am Sonnabendmorgen gut schaffen, vor 10 Uhr Ortszeit in Kauhava zu sein. In Finnland findet jedes Jahr eine große Flugschau statt, und dieses Jahr ist Kauhava der Ort, an dem das Spektakel stattfindet. Nach 10 Uhr morgens würde man mich nicht mehr landen lassen, also ist es wichtig, Nummela bis zum Freitagabend zu erreichen. Eigentlich war geplant, Malmi, den alten Flughafen von Helsinki, anzufliegen, aber der ist mittlerweile geschlossen, wohl weil er zu nah (10 km) am Internationalen Flughafen Vantaa liegt. Von dort war noch ein Ausflug ins Finnische Luftfahrtmuseum geplant, wo die OH-ABB jetzt steht. Das ist, wie schon erwähnt, der eine der drei noch erhaltenen Original-Junioren, der mir schon vor etwa 40 Jahren das Herz geöffnet hatte. Von Nummela aus dorthin zu fahren, wäre aber sehr stressig geworden, und deswegen wurde der Plan fallengelassen. Ich habe ihn dann ein paar Monate später

Foto: Cordes

↑ Nach der elektronischen Karte war ich im direkten Anflug auf Kaliningrad (Königsberg).

doch noch bestaunen können, als ich in meiner Funktion als Präsident des Deutschen Aero Club e.V. an der Generalkonferenz der FAI, der Weltluftsportförderation, teilgenommen habe. Das Tagungshotel lag direkt neben dem Museum, und ein Museumsbesuch zählte sowieso zum Rahmenprogramm der Konferenz.

Um 08:50 Uhr hebe ich nach einer herzlichen Verabschiedung von den polnischen Fliegerkameraden von der Graspiste ab, denn der Wind weht schon früh am Morgen kräftig fast genau von der rechten Seite, und ich komme bei solchen Bedingungen auf Gras besser klar.

Ich drehe nach Norden und erreiche nach kurzer Zeit die polnisch-litauische Grenze. Jetzt bin ich am berühmten Suwalki-Gap, das in diesen unruhigen Zeiten wieder in aller Munde ist. Ich erinnere mich aus besseren Zeiten an das Funkfeuer Suwalki, das man aus Mitteleuropa kommend und ostwärts strebend oft direkt anfliegen konnte, um dann an Minsk-Control übergeben zu werden, oder auch wenn man von Osten kam, entweder aus Russland oder aus dem Fernen Osten, wenn einen der Großkreiskurs über Sibirien geführt hat. Die Lotsen in Russland waren ausgesprochene Umstandskrämer, die weißrussischen oder polnischen hingegen immer sehr freundlich und hilfsbereit. Alles Vergangenheit.

Gegenwart ist, dass mutmaßlich die Russen in der Enklave Kaliningrad kräftig am GPS herummanipulieren. Meine elektronische Karte zeigt jedenfalls den größten Blödsinn an, und würde ich ihr glauben, wäre ich gerade im Anflug auf das ehemalige Königsberg. Da war ich 1993 schon mit der Ju 52 in der Stadt Immanuel Kants, als wir eine Tour durch die Hansestädte des Baltikums unternommen haben. Aber jetzt will ich keinen Ausflug zu den „Lorbassen in der kalten Heimat" machen. Dann würde die Reise wohl auch wegen eines ungeplanten Aufenthaltes in der „Kaliningrader Lubjanka" als Folge einer Provokation ausländischer Elemente etwas länger dauern. Das Bernsteinzimmer hätte man mir sicherlich nicht zugewiesen. Wie gut, dass ich mit Karte und Kompass navigiere.

Während Wetter, Navigation und Flugzeug keine Probleme bereiten, wird es mit der Flugsicherung schwierig. Der FIS-Lotse in Vilnius wirft mir vor, die Grenze nach Litauen ohne Flugplan überflogen zu haben, was ich unter Angabe der Zeit, zu der ich den Plan am Vorabend aufgegeben habe und der, zu der er mir bestätigt wurde, zurückweise. Wie gut, wenn man sich solche Daten auf den Durchführungsplan schreibt, denn sonst wäre ich in meinem engen Cockpit nie an die Unterlagen herangekommen. Das beeindruckt ihn aber wenig, und er fordert mich auf, nach Suwalki zurückzufliegen. Ich gebe ihm zu erkennen, dass ich überhaupt nicht daran denke, denn ich habe den Plan ja nicht verbummelt. Eine Weile telefoniert er wohl noch in der Welt herum, meldet sich dann aber wieder und kündigt „ernste Konsequenzen" an, wenn ich nicht sofort umdrehen würde. Ich weiß zwar nicht, wie die aussehen sollen, denn einen Abfangjäger kurve ich mich meiner Blechbüchse leicht aus, aber ich bin nicht unterwegs, um Luftkämpfe auszutragen. Unter deutlichem Protest drehe ich um und bin, nun mit viel Rückenwind schnell unterwegs, nach einer guten Stunde wieder in Suwalki.

Kaum gelandet telefoniere ich mit dem Flugberatungsdienst in Warschau, um einen neuen Flugplan aufzugeben. Als der freundliche Herr am anderen Ende der Leitung sagt, dass das nicht möglich sei, weil für mein Flugzeug ein aktivierter Plan liefe, schnappe ich nach Luft und ersuche ihn um die Telefonnummer des litauischen Flugberatungsdienstes. Während des nun folgenden Gespräches erkläre ich dem Kameraden in Vilnius sehr deutlich, wer im System Luftverkehr wem zu Diensten zu sein hat. Dabei wird dann deutlich, dass viele der hilfreichen Geister am Boden nicht damit klarkommen, wenn sie vom Piloten eines Leichtflugzeuges daran erinnert werden. Das sollte im Verlaufe der Reise noch ein paar Mal vorkommen ...

Ich rufe also wieder in Warschau an, um einen neuen Flugplan aufzugeben, denn dass der alte nicht mehr aktiviert sein kann, wenn ich in Suwalki am Boden stehe, ist immerhin Konsens. Es dauert aber nach dem Gespräch nicht lange, bis mich der freundliche Herr aus Warschau wieder anruft und mir mitteilt, dass Vilnius den Plan nicht akzeptiert. Ich solle nach Ansicht der Litauer nicht entlang der Autobahn, die nordwärts nach Lettland verläuft, fliegen, sondern mich der Wegpunkte, die für Flüge nach Instrumentenflugregeln etabliert sind, bedienen.

Hier ein Einschub zur Erklärung. Als ich mit der Fliegerei anfing, gab es UKW- und Mittelwellenfunkfeuer, die man eins nach dem anderen anflog. Es gab zwar schon die für die Raumfahrt entwickelte Trägheitsnavigation, mit der es möglich war, unabhängig von Bodenstationen jeden Punkt der Erde anzufliegen, aber explizite Wegpunkte für diese Art der Navigation gab es noch nicht. Erst als die Satellitennavigation immer verbreiteter wurde, verschwanden immer mehr Funkfeuer, und es wurden virtuelle Wegpunkte definiert, die man an der Kennung aus fünf Buchstaben erkennt, z. B. INBED südöstlich von Frankfurt. Ich erwähne gerade den, weil ich gegen Ende manchen Nachtfluges hundemüde von Südosten kommend die Freigabe „direct INBED“ bekommen habe, was ich dann gerne mit „LH sowieso, direkt INBED (ins Bett), aber erst muss ich noch landen“ beantwortet habe.

All die geforderten Wegpunkte befinden sich durchaus in der Datenbasis meines Mäusekinos, und ich kann sie auch direkt anfliegen, aber mein GPS hat keine Redundanz, wenn es ausfällt, kann ich die Punkte nicht mehr auffinden, und außerdem hatte ich ja gerade erlebt, wie sehr das GPS „gespooft“ wird. Ich rufe also wieder in Vilnius an und erkläre dem Kameraden, dass ich natürlich nicht wie von ihm gefordert nach den Wegpunkten navigieren und mich auf das GPS verlassen werde. Ich erinnere ihn auch daran, dass in Litauen vor der Beeinflussung der GPS-Signale gewarnt wird, und insistiere, dass mein VFR-Flugplan, der allen Vorgaben entspricht, jetzt akzeptiert wird. Er stellt sich nach wie vor stur, so dass ich ihn frage, ob Litauen Mitglied der ICAO, der Internationalen Organisation für Zivilluftfahrt ist, was er bejaht. „Dann halten Sie sich doch einfach an die Regeln der ICAO!“ Als es daraufhin am anderen Ende der Leitung ruhig bleibt, erkläre ich ihm, dass ich in 15 Minuten starten und meinen Flugplan beim Fluginformationsdienst Warschau über Funk eröffnen und durch Litauen hindurch fliegen werde.

Ziemlich angefressen starte ich um 10:20 h erneut, denn ich habe durch dieses absurde Theater zweieinhalb Stunden Zeit verloren.

Aber egal, das Wetter ist schön, ich sitze eingemummelt in meiner Blechbüchse und genieße die allmählich unter mir vorbeiziehende Landschaft. Es ist nicht weit bis zur Grenze nach Litauen, die Grenzstation ist schon von weitem zu erkennen, sie sieht aus, wie Grenzstationen eben aussehen.

Die Autobahn endet kurz dahinter, und ich fliege einfach weiter meinen Kurs. Das GPS ist nicht gestört, aber ich rutsche mit dem Finger auf der Karte immer hinterher. Es gibt genug Landmarken, an denen man sich orientieren kann. Und Vilnius hat diesmal auch nichts zu meckern. Am Vortag in Polen war das Land auch flach, aber die Waldgebiete waren riesig, so dass man sich die

Foto: Cordes

↑ Polnisch-Litauische Grenzstation.

↓ Litauen – flaches Land bis zum Horizont.

Foto: Cordes

↑ Die Düna mit dem Stadtzentrum Rigas im Hintergrund.

Schauergeschichten klarer, eiskalter Winternächte mit Wolfsgeheul gut vorstellen kann. Hier im Baltikum ist auch alles flach, aber es gibt keine so großen Wälder wie in Polen.

Kleine Dörfer, Flüsse und Bäche ziehen vorbei, ich kalkuliere meine Flugzeit und meinen Brennstoffverbrauch und bin über WhatsApp mit RocketRoute in Kontakt, die wissen wollen, ob ich es bis Nummela schaffe oder nicht. Nein, das wird nichts, und sie rufen für mich in Jürmala, westlich von Riga an. Ja, ich sei herzlich willkommen, man könnte auch Auto-Super beschaffen. Ich informiere Riga-Information, dass ich den Flug in Jürmala zum Tanken unterbrechen werde, und da geht das Elend von vorne los. Nein, ich sei auf einem internationalen Flug, und da dürfe ich nur auf einem internationalen Flughafen landen. Ich bin da zwar ganz anderer Meinung, da ich ja auch keine Grenzkontrolle passieren muss, aber mein Bedarf nach Disput ist für heute gedeckt. Also fliege ich nach RIX, wie der Flughafen Riga mit dem IATA-drei-Letter-Code heißt. Sollte mir aber der Seitenwind zu stark sein, fliege ich eben doch nach Jürmala, denn wie heißt es treffend, „the final responsibilty for the conduct of the flight rests solely with the commander!"

Foto: Cordes

← Der Flughafen von Riga.

Das Zentrum der alten Hansestadt Riga liegt jenseits des Flusses Düna wunderschön im Sonnenschein. Erinnerungen werden wach, ebenfalls 1993 war ich zum ersten Mal mit der Ju 52 hier, als wir eine Reise durch die Hansestädte des Baltikums unternahmen. Dann 2006 noch einmal, als ich die gute Tante hier übernahm und über Vilnius und Danzig nach Berlin flog. Die Altstadt Rigas mit ihren gepflegten Jugendstilbauten ist wunderschön, aber dafür bleibt mir diesmal keine Zeit.

Die Landung ist bei dem starken Wind aus Nordwest nicht ganz einfach, aber die Piste 36 ist mit 45 m breit genug für mein Geiere. Das Rollen ist auch nicht so leicht und meine Bemühungen, wenigstens einigermaßen auf der gelben Mittellinie der Rollwege zu bleiben, kann der Fahrer des Kartoffelkäfers, wie die gelb schwarz lackierten Follow-Me-Fahrzeuge genannt werden, offenbar nicht nachempfinden. Es ist offenkundig, dass es ihm alles zu lange dauert. Und dann passiert genau das, was ich geahnt habe. Wer sich immer nur mit Verkehrsflugzeugen abgibt, kann mit Kleinflugzeugen nicht umgehen. Das beginnt damit, dass man mich mit dem Heck zum Wind abstellen will. Dann würde der stramme Wind meine Ruder in die Anschläge dreschen, was ihnen gar nicht guttäte. Die sich nun in größerer Zahl einfindenden Flughafenmitarbeiter staunen dann auch nicht schlecht, als ich mein Fliegerle nach dem Aussteigen einfach von Hand um 180 Grad drehe, damit die Nase wenigstens einigermaßen in den Wind zeigt. Auch mein nächster Wunsch nach einer Verzurrmöglichkeit stößt auf Unverständnis. Wieso das denn? Na, weil der Flieger sich sonst selbständig macht! Auch mein Alternativvorschlag, einen Passagierbus vor das Flugzeug zu stellen, stößt auf Erstaunen. Am Ende kommen Verzurrmaterial und ein Passagierbus – geht doch!

Und jetzt wird es richtig spannend, denn ich frage nach Benzin und nicht nach Turbinenkraftstoff. „Gibt's hier nicht!" Ja, war mir schon klar, aber ich sollte ja hier landen. Nach einigem hin

↓ Ein Kleinflugzeug auf einem Internationalem Verkehrsflughafen – sinnlos und teuer.

Foto: Cordes

↑ Blick auf die Bucht von Riga nach dem Start.

und her findet sich ein verständiger Bodenmitarbeiter, der zwei 20 Liter Kanister bei sich hat und sagt: „Lassen Sie uns aus dem Flughafen hinausfahren, da kommt dann gleich eine Tankstelle!" Gute Idee, obwohl ich gespannt bin, wie ich mit 40 Litern Benzin wieder auf den Flughafen komme. Aber der Junge ist pfiffig und klärt das alles, bevor wir den Flughafen verlassen. Und tatsächlich gelingt es uns, mit gemessen an der Aufgabenstellung geradezu lächerlichem Theater wieder in den Sicherheitsbereich zurückzukommen. Jetzt kommt das nächste Problem. Beim Auffüllen der Tanks aus den Kanistern fliegt mehr als ein Tropfen Benzin mit dem Wind davon. Wie gut, dass keiner wegen der „Tropfmengen" einen Aufstand macht. Irgendwann sind bestimmt 39 von den 40 mitgebrachten Litern in den Flächentanks, und ich muss eigentlich nur noch auf die Toilette und mir vorher und nachher die Finger waschen. Aber halt, da war doch noch was – richtig, bezahlen! 250 Euro werden aufgerufen, nicht schlecht für ein so kleines Flugzeug, aber die Zeit drängt, und ich zahle, nichtahnend, dass ich das in ein paar Tagen als Schnäppchenpreis einzuordnen wissen würde.

Nachdem ich wieder im Flugzeug sitze, werden Bus und Gewichte entfernt, und ich rolle zum Start. Die Towerlotsin fragt mich, ob ich die ganze Bahnlänge brauchen würde. Ich verneine und beschließe insgeheim, ihr eine kleine Demo zu bieten. Der high-speed-turn-off (Schnellabrollweg) zeigt, so wie ich dort auf meine Startfreigabe warte, genau in den Wind. Als die Startfreigabe erteilt wird, gebe ich einfach Vollgas und bin schon in der Luft, bevor ich meine Nase in Bahnrichtung gedreht habe. Frage beantwortet?

An dieser Stelle möchte ich auf die schon mehrfach erwähnte Empfindlichkeit von Spornradflugzeugen bei stärkerem Seitenwind eingehen. Zu Beginn der Fliegerei hat das keine Rolle gespielt, denn Platz war reichlich vorhanden, und die Flugplätze waren meist kreisrund mit einem Durchmesser von etwa einem Kilometer. Man kann das noch sehr gut an dem schändlicher Weise geschlossenen Flughafen Berlin-Tempelhof sehen. Aber auch in Neustadt-Glewe in Mecklenburg-Vorpommern ist die kreisrunde Form deutlich sichtbar. Auf diesen Flugplätzen war es immer möglich, direkt in den Wind zu starten oder landen, so dass Seitenwindempfindlichkeit keine Rolle spielte. Das hatte auch bei so manchem Fluglehrer, den ich am Anfang meiner Fliegerei kennen lernte, Spuren hinterlassen. Seitenwindlandungen waren nicht so deren große Stärke.

Generell haben alle Flugzeuge, ob sie nun ein Spornrad- oder Dreibeinfahrwerk haben, die Tendenz, sich wie der Wetterhahn auf dem Kirchturm in den Wind zu drehen. Das liegt am Seitenleitwerk und muss auch so sein, denn das Flugzeug soll ja im Fluge richtungsstabil sein.

Aber nun freue ich mich auf den vor mir liegenden Teil der Reise, denn ich erinnere mich an die Flüge mit der Ju 52 über die Bucht von Riga, die mich damals schon sehr beeindruckt hatten. Ich verlasse die Kontrollzone so, wie ich in sie eingeflogen war und drehe, sobald ich „frei" bin auf Nordkurs an die nahe Küste, um ihr dann einfach zu folgen. Und es gibt sie noch, die kilometerlangen und menschenleeren Strände mit dem Aussehen, wie ich es aus Deutschland und Dänemark kenne, nur eben endlos lang. Blaues Meer, weißer Strand und grünes Land. Herrlich, hier müsste man im Sommer mal ein paar Tage Urlaub machen. Ich denke daran, wie es sich anfühlte, als ich am 02. März 1990 mit der Ju 52 bei Wustrow zum ersten Mal über die mecklenburgische Küste geflogen bin, der Strand sah dort ähnlich aus. Mecklenburg liegt meinem Zuhause so nah, und war bis dahin doch unerreichbar weit weg.

Es ist nicht weit, bis zur Grenze zwischen Lettland und Estland, ich fliege einen „Fotokringel" um Pernau und setze meinen Weg nach Norden fort. Die Landschaftsform ändert sich kaum, der Junior zieht seine Bahn und allmählich kommt Tallinn, die estnische Hauptstadt in Sicht. Gelandet bin ich dort schon ein paar Mal, aber die Stadt selbst habe ich noch nicht gesehen, und das muss ich unbedingt noch nachholen. Es soll unter den Hansestädten diejenige sein, deren Altstadt noch vollständig erhalten ist. Und da ich aus Lübeck, der „Königin der Hanse" stamme, muss ich mir Tallinn oder Reval, wie es einmal hieß, unbedingt einmal ansehen.

Heute ist aber keine Zeit dafür. Eine überschlägige Berechnung meiner Ankunftszeit für Nummela mahnt mich zur Eile. Tallinn Radar bestätigt mir, dass einige der auf meinem Weg liegenden Beschränkungsgebiete so spät am Abend nicht mehr aktiv sind, und so kann ich Kurs direkt auf mein Ziel nehmen.

↓ Die endlosen Strände an der Bucht von Riga.

Foto: Cordes

Foto: Cordes

↑ Die Ostsee westlich von Tallinn auf dem Weg nach Finnland.

↓ Ankunft in Finnland.

Westlich von Tallinn erreiche ich die Ostsee und genieße den Blick auf die schon tiefstehende, sich in den Fluten der Ostsee spiegelnde Abendsonne. Unter mir ist reger Schiffsverkehr, und ich überfliege einen auch aus der Höhe sehr rostig wirkenden Tanker, der ostwärts fährt und offenkundig leer ist. Jede Wette, das ist Putins Schattenflotte. So sieht es also aus, wenn Kriege finanziert werden. Der Besatzung dieses Seelenverkäufers ist das, wenn sie es überhaupt wissen, sicher herzlich egal. Sie haben irgendwo, mutmaßlich in Südostasien ihre Familien sitzen, die auf einen Teil der sicher nicht üppigen Heuer angewiesen sind. So kann man mit der Not der einen die anderen in Not bringen – und damit auch noch Geld verdienen. Hoffentlich halten die mich und meinen Junior nicht für eine Drohne und werfen einen Stein nach mir.

Foto: Cordes

Erst die finnische Schärenlandschaft reißt mich wieder aus meinen Gedanken. Bei ihrem Anblick, speziell mit der tiefstehenden Sonne, kann man nur ehrfürchtig staunen. Nicht nur, weil sie so unglaublich schön daliegt, sondern auch, weil die Landschaft jetzt völlig anders aussieht als noch vor einer halben Stunde. So stellt man sich die finnische Küste vor.

Der Blick auf die Uhr holt mich in die Wirklichkeit zurück. Zwar gibt es in Nummela kein Nachtflugverbot, aber dafür eine Absprache zwischen den ortsansässigen Fliegern und den Nachbarn, die besagt, dass der Flugbetrieb zwischen 22 Uhr abends und 07 Uhr morgens ruhen möge – und das wird knapp. Ich lande eine Zeitzone weiter im Osten – und diese eine Stunde habe ich auch noch verloren – um 21:57 Uhr in EFNU und werde sehnsüchtig erwartet. Die Kameraden vom Fliegerclub sind froh, dass ich die freiwillige Selbstbeschränkung einhalten konnte, und helfen mir beim Betanken und Verzurren meines Flugzeuges, das die Nacht im Freien verbringen muss.

Dann fährt mich einer der Kameraden ins nahegelegene Hotel und erwähnt dabei, dass es den Hang vom Flugplatz hinunter eigentlich nur 100 m weit sei, auf der Straße aber etwa anderthalb Kilo-

meter. Diese Information sollte sich noch als sehr wertvoll erweisen.

In der Unterkunft angekommen, in der kein Mensch mehr ist, und wo man sich per Computercode und App Einlass verschaffen muss, setze ich mich noch einen Augenblick zum Karten- und Wetterstudium abends um 23 Uhr bei Dämmerlicht auf eine Bank im Garten und schmauche noch ein Pfeifchen. Die Nacht wird kurz werden, das Taxi ist für sechs Uhr morgens bestellt, denn um sieben Uhr will ich den „Stachel reinschieben", um rechtzeitig in Kauhava anzukommen. Der Schlaf überkommt mich schnell und gründlich. In zwei Tagen bin ich von Lahr in Südwestdeutschland durch Polen und das Baltikum bis nach Finnland geflogen.

↑ Abgedeckte und gesicherte Mini-QUI in Nummela.

Tag 9 Sonnabend, 14. Juni

Nummela EFNU - EFKA **Kauhava**

07:00 - 09:11 Uhr 02:11 h **30:26 h**

Kauhava EFKA - EFKA **Kauhava**

18:50 - 19:36 Uhr 00:46 h **31:12 h**

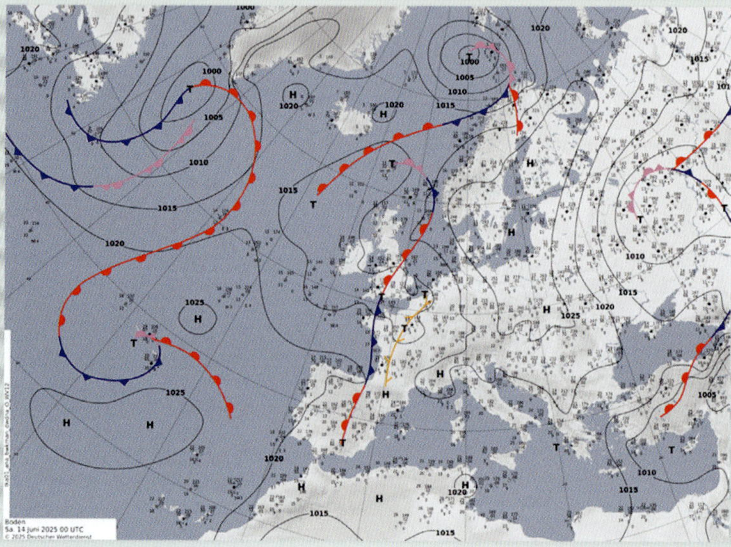

Wetterlage:
Der Süden und die Mitte Finnlands liegen unter Hochdruckeinfluss, was bestes Flugwetter erwarten lässt.

Foto: Cordes

↑ Sechs Uhr am Morgen, aber das Taxi kommt nicht.

Es ist 05 Uhr Ortszeit als der Wecker klingelt, mit der Zeitverschiebung sogar noch eine Stunde früher, aber das bin ich ja noch gewohnt.

Ich packe meinen Kram zusammen und erwarte das Taxi zum Flugplatz um 06 Uhr Ortszeit.

Aber selbst um zehn Minuten nach sechs Uhr ist von einem Taxi weit und breit nichts zu sehen, und die Kontaktaufnahme per Telefon scheitert auch. Na prima, so etwas liebe ich ja ganz besonders. Nun aber fällt mir wieder ein, dass der Flugplatz auf der Anhöhe über dem Ort liegt, also nehme ich meine Siebensachen auf den Buckel und steige über Stock und Stein den Hang hinauf und komme tatsächlich mitten auf dem Flugplatz an. Mein Junior erwartet mich, und nachdem ich die Vorflugkontrolle durchgeführt und alles ordentlich verstaut habe, kann ich um 06:55 Uhr Ortszeit meinen Rotax-Motor starten. Ich rolle auf der Piste an

Foto: Cordes

das südwestliche Ende der Startbahn und hebe um Punkt 07:00 Uhr von der Piste 04 ab.

Die Entfernung nach Kauhava beträgt nur etwas mehr als 300 km, ich werde also etwa zwei Stunden in der Luft sein. Finnland sieht hier so aus, wie man sich das vorstellt. Grüne Wiesen, Wälder und Seen, Seen, Seen. Die Bezeichnung „Land der tausend Seen" ist eine maßlose Untertreibung. Tatsächlich, so habe ich es im Rahmen der Reisevorbereitung gelernt, gibt es in Finnland fast 200.000 Seen, die Gesamtlänge der Ufer beträgt angeblich fast 200.000 km.

Kauhava liegt schon auf 63 Grad nördlicher Breite und damit nicht mehr weit vom Polarkreis

↑ Nach dem Anstieg zum Flugplatz.

↓ Finnische Seenlandschaft am frühen Morgen.

Foto: Cordes

↑ Linkes Rad, rechte Schiene – so kommt man absolut sicher zum Ziel.

↓ Flugplatz Kauhava.

entfernt. Auf dem Flugplatz war früher einmal die finnische „Jet Pilot School" der Luftwaffe beheimatet, und deswegen pflegt der Flugplatz Kauhava auch traditionell ein enges Verhältnis zur Luftwaffe. In diesem Jahr findet dort die „Kauhava Air Show" statt. Und auch mein Junior ist hier sehr willkommen, weil der schon erwähnte Pilot Bremer mit seinem Junior von Finnland aus ja bemerkenswerte Flüge unternommen hat.

Das Wetter meint es wieder sehr gut mit mir, den anderen Piloten und vor allem mit den Gästen der Flugschau. Ich fliege ganz entspannt entlang der Bahnroute Helsinki – Oulu, die durch Kauhava verläuft und habe, weil die Navigation nach dem

Foto: Cordes

↑← „Auf Stube".

↑ Der dritte Länderaufkleber.

Prinzip „linkes Rad – rechte Schiene" sehr einfach ist, Zeit, die Landschaft aus 500 m Höhe in Ruhe zu betrachten. Diese Methode der Navigation wird auch gerne als Ostfriesen IFR bezeichnet. Über die Ostfriesen gab es zu meiner Kinderzeit viele böse Witze, und IFR steht eigentlich für Instrument Flight Rules, wurde aber auch zu „I follow railroad" umgedichtet. Ich brauche deswegen über Tampere keinen Tiefflug am Bahnhof zu veranstalten, um abzulesen, wo ich gerade bin. Das Land ist zu dünn besiedelt, um die wenigen größeren Städte miteinander zu verwechseln.

Der Flugplatz EFKA ist schon von weitem zu sehen, ich fliege in den Gegenanflug der Piste 19 ein und mache eine „lange Landung", setze also erst fast am Pistenende auf, um die Bahn nicht so lange zu blockieren. Sie ist immerhin 2700 m lang und 60 m breit. Es ist gar nicht so einfach, ein so kleines Flugzeug auf einer so breiten Bahn ordentlich zu landen, denn man wähnt sich viel tiefer als man tatsächlich ist. Da kann es dann vorkommen, dass man in ein paar Metern Höhe mit der Landung fertig ist und aus der Höhe runterplumpst, weil das Flugzeug zu langsam geworden ist. Das Vorfeld befindet sich am Südende der Bahn, und die Junkers-Crew, die ich hier zum ersten Mal auf der Reise treffe, hat den Standplatz für das Flugzeug schon vorbereitet. Allerhand Strandfahnen und ein „Air Stream"-Wohnwagen sind aufgebaut, und es findet auch kurz nach meiner Ankunft das zweite „meet the pilot" dieser Reise statt, bei dem den Anwesenden, unter ihnen natürlich viele (Luftfahrt-)Journalisten in einer Pressekonferenz Gelegenheit gegeben wird, viel über das Flugzeug und die Reise erfahren.

Danach mache ich erstmal Quartier. Wenn die Luftwaffe auf einem Flugplatz war, dann gibt es da auch eine Kaserne, und ich hatte ja gesagt, dass ich immer möglichst nah am Flugplatz schlafen will, gerne auch einfach! Etwas mehr Komfort hätte ich mir schon gewünscht, aber ich war ja selbst einmal Soldat. Immerhin habe ich die Stube mit 9 Betten für mich allein. Waschraum am Ende des Ganges, Tisch auf dem Flur – Kaserne halt – egal.

Der skandinavische Sommer hat sich buchstäblich warmgelaufen. Bei 22 Stunden Tageslicht kann es sich nicht wirklich abkühlen (ich werde noch eines Besseren belehrt werden), und die Mittagstemperaturen erreichen um die 30 Grad Celsius. Um das zu ertragen, weiß ich mir nicht anders zu helfen, als meinen Elbsegler (das ist meine schwarze Mütze) alle halbe Stunde unter einen Wasserhahn zu halten und sie mir dann patschnass auf den Kopf zu setzen.

Unser Standplatz ist nahe bei einem NH 90 „Sea Tiger" Hubschrauber der Bundesmarine, und wir kommen mit den Kameraden schnell ins Gespräch. Von Hubis verstehe ich nicht wirklich viel, aber was die Jungs so über ihre Einsätze in Friedenszeiten erzählen, ist wirklich interessant. Sie

Foto: Prinzing

→ Junkers-Stand.

Foto: Prinzing

↑ Autogrammstunde.

sind aus Nordholz bei Cuxhaven gekommen und haben damit auch eine relativ lange Reise hinter sich. Und das Cockpit hat was vom A380.

Mehr Zeit verbringe ich aber an meinem Junior. Das Publikum ist von dem kleinen Flugzeug ganz begeistert und löchert mich mit Fragen und sogar Autogrammwünschen in den von Junkers zur Verfügung gestellten Broschüren.

Am späten Nachmittag bei günstigem Licht findet noch ein Fotoflug statt. Philipp ist aus Deutschland angereist und hat einen Piloten mit geeignetem Flugzeug organisiert. Der Flug führt uns zum Lappajärvi, einem etwa 5 Flugminuten im Osten gelegenen See, und es entstehen wunderbare Aufnahmen. Schade nur, dass ich dabei von der Landschaft immer so wenig mitbekomme, denn bei den engen Formationsflügen muss ich mich voll und ganz auf die Fotomaschine konzentrieren. Bei Fotoflügen heißt es für den Fotografierten immer „I fly on You“. Und damit ist für mich klar, dass ich das andere Flugzeug nicht aus den Augen lasse. Ich folge in engem Abstand wohin auch immer. Dazu kommen die Anweisungen des Fotografen: höher, tiefer, näher, weiter, vor, zurück, Position halten. Immerhin habe ich nach Auflösung der Formation auf dem Rückflug noch Zeit, den Anblick auf die Landschaft, die im warmen Licht der Abendsonne liegt, zu betrachten. Wir landen um 19:40 Uhr Ortszeit, und ich parke meinen Junior auf dem Vorfeld zwischen den anderen Flugzeugen und decke ihn zu. Es reicht aus, ihn mit Bremsklötzen zu sichern, die Wetterlage ist so stabil, dass es über Nacht windstill bleiben wird.

In diesen Breiten wird es um diese Jahreszeit einfach nicht mehr dunkel. Es bleibt auch spät am Abend im Dämmerlicht so hell, dass man sich ohne weiteres draußen bewegen kann. Ähnlich war es auch in Fairbanks/Alaska, wo ich mit der MD11 öfters hingeflogen bin. Fairbanks liegt auf 65° nördlicher Breite, also nur ein wenig weiter nördlich. Dort habe ich allerdings auch Wintertage erlebt. Und an denen wird es dann kaum hell, und die Nachttemperaturen erreichen nicht selten –30 Grad. Das schlägt spürbar aufs Gemüt!

Nach einem späten Abendessen ziehe ich mich in meine „Luxusherberge“ zurück, aber da die letzte Nacht sehr kurz war, schlafe ich trotz des Dämmerlichtes draußen schnell ein.

← Eine Fouga-Magister als Gartenstuhl.

↓ D-MQUI über dem Lappajärvi.

D-MQUI über dem Lappajärvi.

Foto: Prinzing

Tag 10 Sonntag, 15. Juni

Kauhava EFKA - EFKA **Kauhava**

10:35 - 10:40 Uhr 00:05 h **31:17 h**

Foto: Cordes

↑ Pilots' briefing (Foto: privat)

Foto: Cordes

↑ Das Zelt für das pilots' debriefing.

An diesem Sonntagmorgen werde ich nach dem Frühstück zum Pilotenbriefing gebeten und von den anderen Fliegern sehr freundlich begrüßt. Man hat mich ersucht, mein kleines Schmuckstück im Rahmen der Flugschau vorzuführen.

Als ich um kurz nach halb elf Uhr von der Piste abhebe, kann ich den Leuten nicht annähernd so spektakuläre Dinge zeigen, wie die Rafale oder der EuroFighter. Trotzdem wird meine kurze Vorführung, die auch nur 5 Minuten dauert, vom Publikum mit viel Applaus bedacht. Der Flieger hat halt Charme.

Für den Abend bin ich zum pilots‘ debriefing eingeladen, das in einem Festzelt am Rande des Vorfeldes stattfindet, und zu dem alle Besatzungen und deren Mannschaften zu Speis und Trank eingeladen sind.

Vorher habe ich noch die Wetterdaten für den nächsten Tag studiert, denn der geplante Flug nach Kirkenes lässt mich nicht ganz kalt. Die Prognose ist aber gut, und so kann ich entspannt mit den Fliegerkameraden fachsimpeln. Besonders beeindruckt mich der englische Typhoon-Pilot, den ich auf Mitte zwanzig schätze, und der viel

Foto: Cordes

↑ Flugplanung auf dem Flur.

Foto: Prinzing

← Abrollen von der Piste nach der Vorführung.

Foto: Prinzing

↑ Ihr seid schneller, aber ich bin schöner!

Charisma ausstrahlt – der wird bestimmt mal General. Wir kommen sehr intensiv ins Gespräch, als ich ihm von meiner Zeit mit der großen Ju und der Super Connie erzähle. Und es ist wie immer, ich beneide ihn um seinen Ritt auf dem Strahl im Euro Fighter und er mich um meine Erfahrung mit der Connie. Das Gras auf der anderen Seite des Zauns ist halt immer grüner.

Mein Junior steht ein wenig frech zwischen den Überschallboliden angebunden auf der Wiese und ist für den Flug über den Polarkreis schon präpariert.

Tag 11 Montag, 16. Juni

Kauhava EFKA - EFSO **Sodankylä**		
09:17 - 13:06 Uhr	03:49 h	**35:06 h**
Sodankylä EFSO - ENKR **Kirkenes**		
14:49 - 15:52 Uhr (Zeitunterschied 1 h)	02:03 h	**37:09 h**

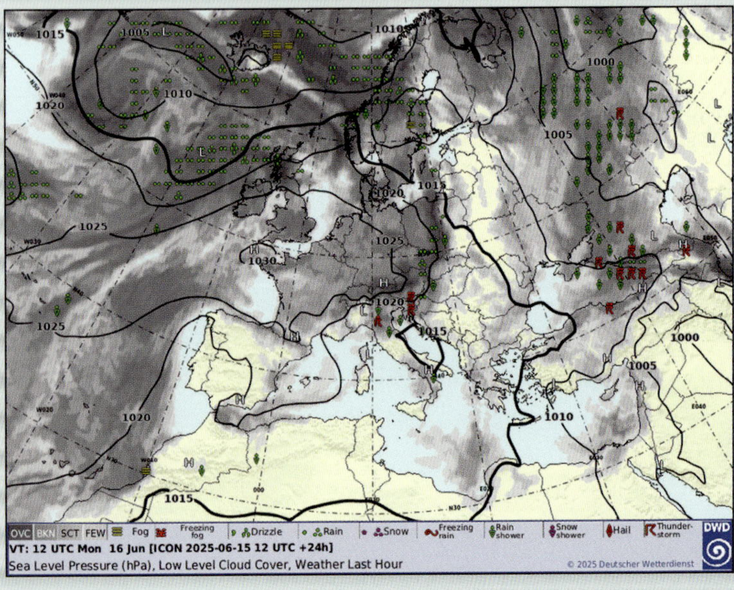

Wetterlage:
Mittlere Bewölkung bei schwachen Luftdruckgegensätzen.

Nach gut durchschlafener Nacht und der Verabschiedung vom Junkers-Team und Philipp sitze ich um neun Uhr morgens im Junior, den ich nach dem Losbinden von den Düsenjägern weggeschoben habe, denn wenn die ihre Motoren anlassen, fliegt die kleine Junkers auch schon ohne mich.

Der Start verzögert sich etwas, weil der britische Eurofighter eine von der Flugsicherung vorgegebene Abflugzeit bekommen hat, und da lasse ich ihm gerne den Vortritt, denn der verballert in kürzester Zeit mehr Kraftstoff als ich an einem ganzen Flugtag verbrauche. Und so kann ich ihn auch noch sehen, wie er sich in den Himmel bohrt. Das ist es, worum ich den Kameraden beneide, diese schier unglaublichen Flugleistungen. Ich habe zwar auch einmal eine leere MD11 aus Leipzig heraus in 3 Minuten und 11 Sekunden vom Anrollen auf der Bahn bis auf 19.000 Fuß (5800 m) katapultiert, was einer durchschnittlichen Steigrate von 30 m/s oder der Vertikalgeschwindigkeit von 110 km/h entspricht. Aber so ein Kampfflugzeug kann noch viel mehr, doch das werde ich in diesem Leben sicher nicht mehr erfahren können.

Mein Junior hingegen zuckelt nach dem Start mit 130 km/h Horizontal- und 3 m/s Steiggeschwindigkeit auf etwa 500 m Flughöhe. Der Kurs führt mich zunächst nach Nordnordost auf Oulu zu. Die Landschaft zieht gleichmäßig und unspektakulär unter mir durch, und ich nähere mich allmählich der Westküste Finnlands. Ich raste die UKW-Frequenz für die Wettermeldung von Oulu und staune nicht schlecht, als ich vernehme, dass der Flughafen erst am Nachmittag öffnet. Spätestens jetzt wird klar, dass es langsam einsam um mich herum wird. Ich mache ein Foto vom Flughafen Oulu und schicke es per WhatsApp an eine Freundin aus Jugendtagen, die irgendwann in den Siebzigern mal mit ihren Eltern nach Oulu geflogen ist. Damals

Foto: Cordes

konnte ich mir das mit den langen Tagen im hohen Norden kaum vorstellen und heute knattere ich mit meiner Blechbüchse über Oulu. Sie hat sich übrigens über das Foto und darüber, dass ich die Episode nicht vergessen habe, sehr gefreut.

Weiter geht es nach Rovaniemi, dort wo der Weihnachtsmann zu Hause sein soll. Lappland ist erreicht, und das merke ich auch an den Temperaturen. So allmählich wird es frischer. Es war richtig, dass ich am Morgen meine alte Lederjacke aus Ju 52 Tagen über meine Kombi angezogen habe, und auch die lange Unterhose leistet mir jetzt gute Dienste. Auf manchen Bildern bin ich in der Jacke mit den silbernen Kapitänsstreifen auf der Schulter zu sehen, und ich habe tatsächlich darüber nachgedacht, ob das bei einem Ultraleichtflugzeug nicht ein wenig lächerlich wirken mag. Aber ich bin Kapitän! Wer einen A380 kommandiert hat und immer noch eine gültige Lizenz für dieses riesige Flugzeug hält, ist Kapitän. Und außerdem war diese Jacke meine Uniformjacke auf der Ju 52, und eine Junkers fliege ich ja auch jetzt noch. Damit war ich mit mir im Reinen.

Der Turmlotse in Rovaniemi hat wohl schon von dem verrückten Deutschen mit der Junkers gehört und bittet mich, einen Tiefanflug an seinem Flugplatz zu machen. Dabei entdecke ich auf einem etwas abgelegenen Vorfeld des Flughafens drei amerikanische AWACS-Maschinen. Russland ist nicht weit, und es sind wieder schwierige Zeiten. Rovaniemi hat viel Erfahrung mit Krieg. Erst wurde die Stadt im Winterkrieg 1939/1940 von der russischen Luftwaffe bombardiert und dann beim Abzug der Wehrmacht im Lapplandkrieg 1944/1945 vollständig zerstört. Beim Wiederaufbau sollen die drei beauftragten Architekten als Grundriss für die Stadt die Form eines Rentiergeweihes gewählt haben, aber ich bin wahrscheinlich nicht hoch genug und zu beschäftigt, um das zu erkennen. Beim Überflug des Flugplatzes achte ich nebenher auf

↑ Der Flughafen von Oulu ist bis mittags geschlossen – freie Bahn.

Foto: Cordes

↑ Navigation kann so einfach sein.

die Anzeige der GPS-Position, denn der nördliche Polarkreis verläuft mehr oder weniger über das Gelände. Und dann bin ich tatsächlich mit meiner D-MQUI nördlich des Polarkreises.

Für diejenigen unter den Lesern, denen die Bedeutung des Polarkreises nicht gewärtig ist, hier eine kurze Erklärung. Die Erdachse ist gegenüber der Ekliptik, das ist die Ebene, die die um die Sonne kreisende Erde aufspannt, um 23.5 Grad geneigt, was uns beim Lauf der Erde um die Sonne die Jahreszeiten beschert. Im Nordsommer kann die Sonne deswegen am längsten Tag des Jahres von der anderen Seite des Globus über den Nordpol hinweg die sonnenabgewandte Seite bis 66,5 (90 – 23,5) Grad nördlicher Breite bescheinen. Und deswegen nennt man den Breitenparallel um die Erde bei 66,5 Grad nördlicher Breite den nördlichen Polarkreis. Im Winter erreicht die Sonne am kürzesten Tag des Jahres die Gebiete nördlich des Polarkreises auch um die Mittagszeit gar nicht mehr.

Der Flug geht weiter über das Lappländische Hügelland zu meinem Zwischenlandeplatz Sodankylä EFSO. Ich würde es zwar bis Kirkenes schaffen, habe mir aber fest vorgenommen, genau das nicht zu tun. Da oben kann sich das Wetter sehr schnell ändern, und in einem solchen Fall will ich nicht wegen zur Neige gehender Kraftstoffreserven landen müssen, wenn die Bedingungen nicht stimmen. Und außerdem ist mir kalt. Der Flugplatz ist leicht zu finden, im Funk meldet sich natürlich niemand, ich mache nur meine Positionsmeldungen und lande auf der Piste 16, also ungefähr in südlicher Richtung.

Es gibt nur einen Abrollweg von der Piste zum Vorfeld, wo sich die Tankstelle befindet, an der es AvGas gibt. AvGas ist Aviation Gasoline, also Flugbenzin. Flugbenzin ist einer der am meisten falsch benutzten Begriffe. Oft liest man vom steuerbefreiten Flugbenzin für die Urlauberjets. Das ist Quatsch! Flugbenzin ist ein an die Bedürfnisse von Kolbenflugmotoren angepasstes Benzin, das allerdings immer noch – anders als Autobenzin – etwas Blei enthält. Viele Flugmotoren sind darauf angewiesen. Vor allem fängt Flugbenzin aber nicht an, Dampfblasen zu bilden, wenn der Luftdruck in größeren Höhen abnimmt. Die in der Welt produzierten Mengen an Flugbenzin sind lächerlich gering im Vergleich zu der Menge Ottokraftstoff, der im Autoverkehr tagtäglich gebraucht wird.

Mein Rotax-Motor kann mit AvGas betrieben werden, besser bekommt ihm aber normales Auto-Super oder MoGas. Aber das gibt es hier am Flugplatz nicht.

→ Fliegerkameradschaft in Sodankylä EFSO.

Foto: Cordes

Und wie ich mein Flugzeug an die Tankstelle schiebe, öffnet sich die Seitentür des Hangars neben der Tankstelle, und ein junger Mann, offensichtlich Mechaniker kommt auf mich zu und sagt: „AvGas is not good for Your engine. I bring You to

↓ Vor der Tankstelle in Sodankylä: „AvGas is not good for Your engine!"

Foto: Cordes

↑ Der Flugplatz Kirkenes kommt in Sicht.

↑ Stadtwappen von Kirkenes.

the town and we get You some car-fuel!" Er hat es am Klang erkannt.

Das ist ja im wahrsten Wortsinn SUPER, und so bekomme ich noch einen Eindruck von der kleinen Gemeinde im hohen Norden. Ein Schinkensandwich gibt es an der Tanke auch, und nachdem ich den Sprit aus den Fässern in den Junior gekippt habe, darf ich mich in der Schrauberbude noch bei einer Tasse Kaffee aufwärmen.

Um 11:49 Uhr starte ich zum Weiterflug nach Kirkenes. Es geht zunächst Richtung Ivalo. Ivalo ist mit 7000 Einwohnern der größte Ort Nordlapplands, so ändern sich die Verhältnisse. Der dortige Flughafen ist der nördlichste Finnlands – jetzt ist es nicht mehr weit bis ans „Ende der Welt".

Auch die Natur ändert sich, es wird felsig und die Ortsmissweisung beträgt hier schon 16 Grad Ost, d. h. dass der magnetische Nordpol, nach dem sich der Kompass ausrichtet, hier 16 Grad weiter rechts als der geographische Nordpol liegt. Und ein um 16 Grad falscher Kurs kann einen hier schon sehr nahe an die russische Grenze heranführen, also aufgepasst. Umso wichtiger wird die terrestrische Navigation, also die nach Bodenmerkmalen. Da aber weder eine Straße noch ein Eisenbahnlinie nach Kirkenes führen, nutze ich mein Mäusekino vor der Nase, passe aber auf, dass ich nicht über das östliche Ufer des Inarijärvi Aanaarjärvi fliege, das ist ein großer See zwischen Ivalo und Kirkenes. Das Wetter bleibt gut, aber beim Blick auf den Boden bin ich froh, dass ich für den Fall der Fälle ein Rettungssystem an Bord habe – die Gegend eignet sich nicht wirklich, um eine Notlandung auszuführen.

Um 13:52 Uhr lande ich in ENKR und werde freundlich empfangen.

Meine Unterkunft („immer nah am Flugplatz!") liegt etwas außerhalb der Stadt und verfügt über ein ganz wichtiges Utensil – ein Schlafzimmer ohne Fenster, damit es zum Schlafen auch wirk-

← Im Hangar der Regionalfluglinie Wideroe ist leider kein Platz für meinen Junior, er wird gesichert und gut zugedeckt.

↓ Blick aus meiner Unterkunft nach Norden um Mitternacht.

lich dunkel ist. Ich stelle meinen Wecker trotzdem auf Mitternacht, um die Mitternachtssonne zu sehen, die hier von Mitte Mai bis Ende Juli scheint.

Kirkenes hat nur etwa 3500 Einwohner und entstand einmal als Verschiffungshafen für Eisenerz. Nach Russland sind es nur zehn, nach Finnland etwa 35 km Entfernung. Der Name der Stadt rührt von einer Kirche (Kirke) her, die auf einer Landzunge (nes) steht. Am Ende des Varangerfjordes wird Kirkenes nicht vom Golfstrom erreicht, weswegen der Hafen im Winter von Eisbrechern offengehalten werden muss. Im Zweiten Weltkrieg war Kirkenes umkämpft, da die Wehrmacht von hier aus den einzigen eisfreien Nordmeerhafen der damaligen Sowjetunion, das nur 120 km entfernt liegende Murmansk, beherrschen wollte, um die Nachschubrouten für die Rote Armee abzuschneiden. Kirkenes war die am häufigsten bombardierte Stadt Norwegens im Krieg und am Ende restlos zerstört.

Foto: Cordes

Tag 12 Dienstag, 17. Juni

Kirkenes ENKR - ENHF **Hammerfest**

10:11 - 13:13 Uhr | 03:02 h | **40:11 h**

Hammerfest ENHF - ENHF **Hammerfest**

16:13 h - 17:16 Uhr | 01:03 h | **41:14 h**

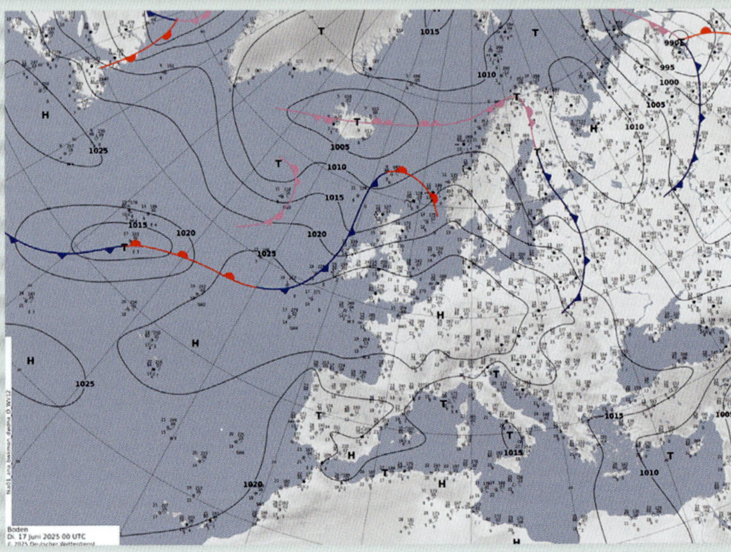

Wetterlage:
Kirkenes liegt am Rande eines Hochs mit Kern bei Archangelsk, Hammerfest im Zentrum eines schwachen Tiefs, es ist mit allmählicher Wetterverschlechterung im Laufe des Fluges zu rechnen, zumal das Tief eine feuchtkalte Luftmasse herantransportiert.

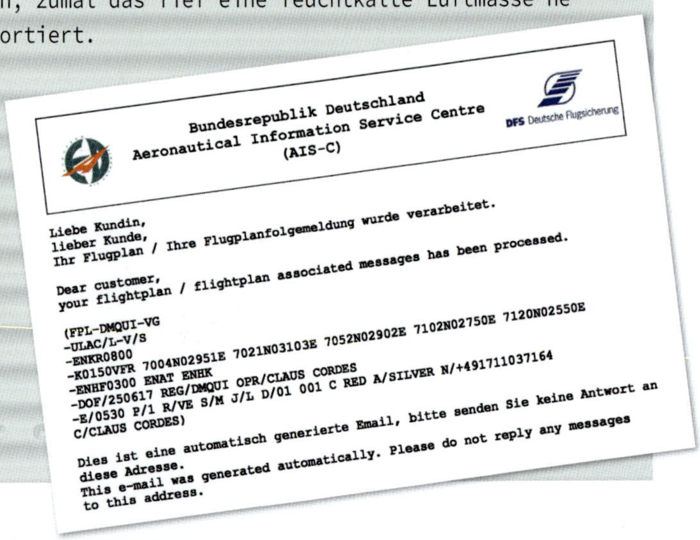
Bundesrepublik Deutschland
Aeronautical Information Service Centre
(AIS-C)
DFS Deutsche Flugsicherung

Liebe Kundin,
lieber Kunde,
Ihr Flugplan / Ihre Flugplanfolgemeldung wurde verarbeitet.

Dear customer,
your flightplan / flightplan associated messages has been processed.

(FPL-DMQUI-VG
-ULAC/L-V/S
-ENKR0800
-K0150VFR 7004N02951E 7021N03103E 7052N02902E 7102N02750E 7120N02550E
-ENHF0300 ENAT ENHK
-DOF/250617 REG/DMQUI OPR/CLAUS CORDES
-E/0530 P/1 R/VE S/M J/L D/01 001 C RED A/SILVER N/+491711037164
C/CLAUS CORDES)

Dies ist eine automatisch generierte Email, bitte senden Sie keine Antwort an diese Adresse.
This e-mail was generated automatically. Please do not reply any messages to this address.

→ Der Flugplan von Kirkenes nach Hammerfest.

Der Tag ist nahtlos aus der Nacht hervorgegangen. Ein Frühstück gab es in meiner Bude nicht, nicht einmal eine Tasse Kaffee. Die freundliche Taxifahrerin vom Vortag ist pünktlich zur Stelle, und wir fahren am Flugplatz vorbei zum Ortseingang von Kirkenes, um die Kanister, die man mir am Flughafen freundlicherweise mitgegeben hat, mit Autosuper zu befüllen. Ein Käse-Schinken-Sandwich und eine Tasse Kaffee gibt es an der Tanke auch noch. Ich werde nie mehr meckern, dass eine Tanke eigentlich eine Tanke und kein Supermarkt ist.

Am Flughafen angekommen erwartet mich der Mitarbeiter der Bodencrew. Er fährt mich durch einen Seiteneingang direkt zum Flugzeug, so dass es zu keiner Diskussion über das mitgeführte „Gefahrgut" kommt. „Dein Flugzeug braucht doch Benzin!"

Nachdem das Flugzeug mit allem versorgt und die Rettungsinsel richtig positioniert ist, schäle ich mich in meinen Überlebensanzug. Die Wassertemperatur beträgt hier aktuell 7 Grad, da muss man schon vorbereitet sein, wenn man eine Notwasserung überleben will. Wie oft bin ich das Verfahren in Gedanken durchgegangen. Sollte ich wassern müssen, werde ich am Schirm des Rettungssystems niedergehen. Dann wird das Flugzeug hoffentlich so lange schwimmen, bis ich aus dem Cockpit auf die linke Fläche geklettert bin, die Rettungsinsel, die oben auf dem Gepäcksack liegt, ausgelöst habe, und dann vom Flügel in die Insel geklettert bin. Man muss bei den Temperaturen nicht ausprobieren, ob der Anzug im Wasser wirklich dicht ist. Auf die dunkelblaue Lederjacke verzichte ich, weil die Chance gefunden zu werden, größer ist, wenn man den knallroten Anzug trägt. Nur die Schwimmweste kommt oben drüber.

Ich drehe noch eine Runde über Kirkenes, denn der Sohn des hilfsbereiten Flughafenmitarbeiters hat mich gebeten, über seiner Schule einen Kringel zu fliegen. „Seht mal da, den Piloten kenne ich!"

Der Ausblick ist ein Traum. Im Hafen liegt ein Kreuzfahrer, viele Menschen wollen offenbar einmal im Leben in Kirkenes gewesen sein – ich auch. Den Stadtrundgang am Vortag habe ich leider nicht geschafft. Alle Straßenschilder sollen norwegische, finnische und russische Beschriftung haben.

Dann drehe ich auf Kurs 340 Grad in Richtung auf den Flugplatz Vadsö. Ich habe mir vorgenommen, alle Flugplätze auf der Route abzuklappern, um sie so schnell wie möglich erreichen zu können, wenn es irgendein Problem gibt.

Foto: Fotograf mit Namen unbekannt / Cordes

← Mit Rettungsanzug, aber ausnahmsweise ohne Mütze, besser als andersherum.

Foto: Cordes

← Kurz nach dem Abflug aus Kirkenes.

→ Anflug zum Überflug des Flugplatzes Vardø.

→ Die Panoramen sind einzigartig, und solange die Sonne vom blauen Himmel scheint, bleiben die Temperaturen erträglich.

Beim Blick auf die felsige Küste fällt mir auf, wie stark der Gezeitenstrom hier ist. An den Felsvorsprüngen gurgelt es förmlich. Es ist auflaufendes Wasser, wie gut, dann spült es mich im schlimmsten Fall nicht ins eisige Nordmeer.

Von Vadsö geht es nach Vardø. Als ich mich melde, gibt es die erste Bitte nach einem tiefen Überflug. Offenbar hat es sich herumgesprochen, dass ein verrückter Deutscher in einem offenen Flugzeug das Nordkap umrunden will, und alle wollen ihn sehen. Gerne komme ich dem Wunsch nach und die Kameraden geben mir ihre besten Wünsche mit auf den Weg.

Der nächste Flugplatz auf der Strecke ist Batsfjord, und auch da bitte man mich, mal „kurz vorbeizuschauen". Gerne, und ich erlaube mir auch einen kleinen Schabernack. Der Flugplatz liegt am Ende des Fjords hinter der Stadt und von dieser durch einen Felsen getrennt. Ich umfliege den Felsen unter Gipfelhöhe und komme von der anderen Seite, also von Südwesten tief über den Platz geflogen. Hier ist so gut wie kein Flugverkehr, und deswegen ist es egal. Beim Überflug über die Piste halte ich die norwegische Flagge wie schon zuvor aus dem Cockpit, und man ist begeistert. Die Fluglotsin wünscht mir viel Glück und Erfolg für meine Reise, und schon geht es wieder weiter.

Ab hier ändere ich meine Flugroute ein wenig ab und fliege weiter südlich durch den Eidsfjord und komme aus dem Staunen nicht mehr

ostecher ins „Landesinnere".

↑ Das Nordkap.

Foto: Prinzing

↑ Fotoflug im Vargsundet.

heraus. Was für eine schroffe und zugleich schöne Landschaft. Leider bewölkt es sich zusehends, so dass die Felsen nicht mehr sonnenbeschienen sind und es auch allmählich richtig kalt wird. Ich melde mich alle 15 Minuten bei der Bodenstation, mit der ich gerade in Kontakt stehe und gebe meine Position und die grobe Richtung an, in der ich fliege. Wenn mir der Motor stehen bleibt, muss ich ziemlich sicher ins Wasser und Überlebensanzug hin, Überlebensanzug her, da möchte ich nicht allzu lange bleiben, denn das ist keine warme Badewanne. Dann wäre es schön, wenn man mich bald herausziehen würde. Bleibt meine regelmäßige Meldung aus, dann beginnt man eine halbe Stunde später mit der Suche, und wenn man meine letzte Position und Richtung kennt, kann man viel gezielter suchen. Das Thermometer für die Ansauglufttemperatur, die ungefähr der Außentemperatur entspricht, zeigt jetzt 1 oder 2 Grad Celsius an, und die Kälte kriecht in die Klamotten. Da ist es nur ein schwacher Trost, dass das Wasser unter mir ein paar Grad wärmer ist. Aber das war mir alles vorher klar, und ich habe es akzeptiert.

Bald passiere ich Helnes Fyr, einen Leuchtturm und bin nicht mehr weit vom Nordkap entfernt. Und da ist es auch schon zu erkennen. Ich war zwar noch nie da, habe mir aber bei der Reiseplanung so viele Bilder von dem Felsen angesehen, dass ich ihn zweifelsfrei erkenne.

Ich fliege nah heran, und die Autos und Reisebusse auf dem Parkplatz dahinter sind zu erkennen und lassen keinen Zweifel mehr zu, dass ich den nördlichen Wendepunkt der Reise erreicht habe. Ich kann sogar die Menschen, die nahe an der dort aufgestellten Weltkugel stehen, erkennen. Ich winke Ihnen durch Wackeln mit den Tragflächen zu und frage mich, was die wohl jetzt denken. „So ein Irrer. Fliegt hier in einem offenen Flugzeug durch die Gegend!“ Ob sie zurückwinken, kann ich nicht sehen. Der nächste Gedanke, der mir durch den Kopf schießt, ist: „Ab jetzt geht es nach Süden, und es wird mit jedem Meter wärmer!“ Noch eine knappe Stunde bis Hammerfest, das reicht dann aber auch. An einer Stelle fliege ich zwischen zwei Felsen durch, die steil aus dem Wasser ragen, um den Weg abzukürzen. Ich denke noch, ob das wirklich klug ist, denn da könnte es bei dem Wind ordentlich wackeln. Ich habe kaum zu Ende gedacht, als es mich und meinen Junior auch schon mächtig schüttelt. Ich ertrage das einfach, obwohl es ganz schön heftig zur Sache geht.

Hammerfest hat die Piste 04, also in Richtung Nordost in Betrieb, und ich umfliege den Platz auf der Nordwestseite. Im Queranflug befindet sich ein Beschränkungsgebiet, in das ich nicht einfliegen darf. Dort liegt ein Kraftwerk auf einer kleinen Insel, die man gut umschippern kann. Dann bin ich im Endanflug. Der Flugplatz liegt auf einer Höhe von 80 m über dem Meer, es wird also eine sogenannte „Flugzeugträgerlandung“. Ich beginne zu realisieren, wie steifgefroren meine Beine sind und mich zu sorgen, ob ich noch schnell genug abwechselnd links und rechts ins Seitenruder treten kann, um den Flieger nach dem Aufsetzen auf der Landebahn zu halten, aber als ich registriere, dass links vom Flugplatz eine Felswand aufragt, die parallel zur Landerichtung verläuft, beruhigt mich das. Dann kann der Wind nur von vorne kommen. Und so ist es dann auch. Die Landung verläuft problemlos, und ich rolle zur angewiesenen Parkposition. Auch wenn ich mich jetzt sehr nach Wärme sehne: „Erst dat Schipp, und denn de Schipper!“ Die überaus freundlichen Flughafenmitarbeiter bringen gleich Bremsklötze, Gewichte und Seile, so dass wir den Flieger sichern können. Dann schaut mir einer von ihnen tief in die Augen und sagt: „You must be freezing!“ Wie hat er das bloß erahnt. „We have a sauna and You go there. Now!“

Er fährt mich zum Gebäude, zeigt mir die Wärmekammer und „befiehlt“: „60 Grad, 30 Minuten!“

Wie recht er hat, und wie gut das tut. Bei 60 Grad schwitzt man nicht, aber man taut auf. „Wir machen das hier immer so!“ Es ist zwei Tage vor

←↓ Ab in die Sauna!

↓ Folgsam und steifgefroren aus dem Flugzeug kletternd.

Foto: Prinzing

Foto: Prinzing

→ Fotoflug im Vargsundet.

D-MQUI

Foto: Prinzing

Sonnenhöchststand, und mit 4 Grad ist es dennoch schweinekalt hier oben am Ende der Welt. Wahrscheinlich hat mir diese vor- und fürsorgliche Maßnahme eine dicke Erkältung erspart.

Als ich wieder aufgetaut bin, ist Philipp mit der Fotocessna auch schon eingetroffen, und zusammen mit seinem Piloten besprechen wir den Fotoflug, den wir noch vorhaben. Und den Sprit haben sie gleich mitgebracht, denn in Hammerfest gibt es nur „Düsendiesel", also Turbinenkraftstoff, Jet A1, und den kann ich nicht gebrauchen. Die sind hier echt anders drauf. Ich wäre von mir aus nie auf die Idee gekommen, mir 40 Liter Autosuper in zwei Kanistern in die Cessna zu packen. Aber ich nehme den Sprit gerne, und wir starten südwärts in die Fjorde, um Luftbilder zu machen – und sie werden auf dem etwa einstündigen Flug durch die Fjorde ganz toll.

Nach dem Flug verabschieden wir uns von dem Kameraden und fahren in die Stadt, um das Nachtquartier zu beziehen. Ich hatte ja gesagt, dass ich nur simple Hotels recht nahe am Flugplatz brauche, aber das war dann auch wieder etwas sehr simpel. Hatte ich in Kirkenes ein Schlafzimmer ohne Fenster, damit ich im Dunklen schlafen konnte, verfügte mein Zimmer jetzt über ein Fenster, dafür aber nicht über Vorhänge …

Abends gehe ich mit Philipp dann noch am Hafen zum Abendessen, und Philipp sagte später, er hätte mich noch nie so schweigsam erlebt. Wenn er das sagt, muss es stimmen. Es sind wohl die Eindrücke des Tages, die mich so nachdenklich sein lassen. Und es ist auch ein Stück weit Beruhigung und Entspannung. Ich habe den in meinen Augen schwierigsten Streckenabschnitt glücklich hinter mich gebracht. Vor dem Flug ums Nordkap hatte ich seit Monaten Respekt, aber das ist beim Fliegen immer ein guter Berater, der vor Leichtsinn und Übermut schützt. Übermut tut selten gut, das trifft besonders beim Fliegen zu.

So sehr mir die Kälte zugesetzt hat, fürs Fliegen ist „dicke Luft“ besser. Dicke Luft meint in diesem Zusammenhang nicht Ärger, sondern eine hohe Luftdichte. Und die mögen Flugzeuge. Wenn der Luftdruck hoch und die Temperatur niedrig ist, steigt die Luftdichte an. Dann „trägt die Luft besser“ ist eine nachfühlbare, aber physikalisch nicht ganz korrekte Beschreibung. Tatsächlich braucht man weniger Geschwindigkeit, um den notwendigen Auftrieb zu erzeugen, und die Flugleistungen sind besser. Der Motor hat eine höhere Leistung, und der Propeller schaufelt mehr Luft hinter sich. Man hat mehr Schub und braucht zum Abheben weniger Strecke. Das Gegenteil davon ist „hot and high“. Das habe ich mit dem MD 11-Frachter oft genug erlebt. Nairobi, Johannesburg und vor allem Quito liegen hoch über dem Meeresspiegel und Nairobi bzw. Quito dazu noch auf dem Äquator. Dann ist der Luftdruck wegen der Höhe (Quito 3000 m) niedrig, und für die Höhe ist es dort viel zu warm. In 3000 m Höhe soll es nach der Standardatmosphäre minus 5 Grad kalt sein, wenn dann dort aber Tagestemperaturen von plus 25 Grad herrschen, dann ist die Luft dünn. Dann liefern die Motoren viel weniger Schub, und das Flugzeug braucht zum Abheben eine deutlich höhere Geschwindigkeit. Und das verlängert den Startlauf dann ganz erheblich oder vermindert die Nutzlast. Die MD 11 war für eine Startmasse von 286 Tonnen zugelassen, in Quito schrumpfte dieser Wert auf etwa 210 Tonnen.

Auch die Geschichte Hammerfests ist interessant. Wenn man die entsprechenden Kriterien ansetzt, kann man Hammerfest als nördlichste Stadt der Welt beschreiben. Der Name bedeutet angeblich nichts anderes als „Platz, an dem man Boote festmachen kann“. Wal- und Robbenfänger nutzten den Hafen als Ausgangspunkt für ihre Fischzüge, und natürlich gab es in der Folge dann auch eine Industrie, die Fässer herstellte. Die strategisch wichtige Lage als Versorgungshafen hat aber auch Begehrlichkeiten und damit verbundene kriegerische Handlungen ausgelöst. Vor 200 Jahren litt Hammerfest unter dem Vierten Koalitionskrieg zwischen Schweden und Norwegen, und am Ende des Zweiten Weltkrieges hat die Wehrmacht den Ort auf dem Rückzug komplett niedergebrannt, und erst in den 1950er Jahren wurde der Ort wieder aufgebaut. Bis dahin haben die Bewohner in Baracken leben müssen. Jetzt ist hier gerade „Hochsommer“, da mag ich mir den Polarwinter in einer Baracke gar nicht vorstellen. Somit ist dann auch geklärt, warum das Stadtbild so modern ist.

Heute lebt Hammerfest von der Öl- und Gasindustrie, auf der Insel Melköja in unmittelbarer Nähe des Flughafens befindet sich eine große Anlage zur Verflüssigung von Erdgas, sie ist der Grund für das Flugbeschränkungsgebiet im Queranflug zur Piste 04. Die Piste des Flughafens ist nur 880 m lang, und damit eine der kürzesten weltweit, die für den Linienluftverkehr zugelassen ist.

Tag 13 Mittwoch, 18. Juni

Hammerfest ENHF-ENHF **Hammerfest**		
12:10-12:16 Uhr	00:06 h	**41:20 h**
Hammerfest ENHF-ESNX **Arvidsjaur**		
12:56-17:04 Uhr	04:08 h	**45:28 h**

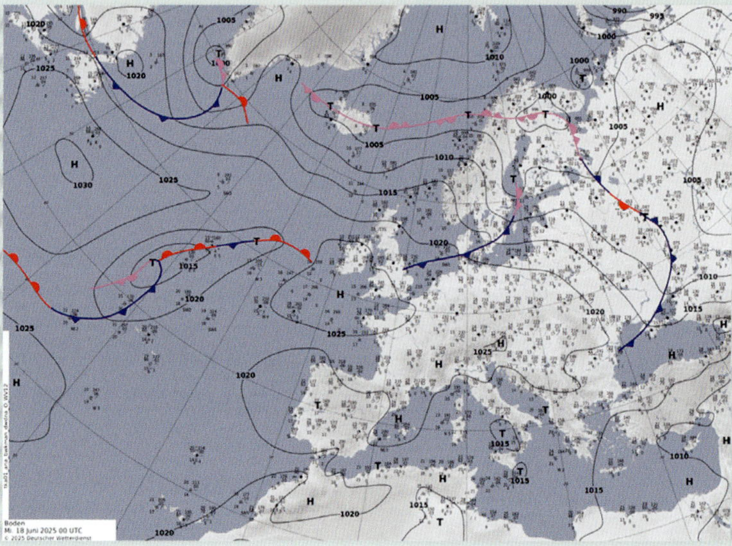

Wetterlage:
Zwischen einem Tief über Lappland und einem Hoch in der Dänemarkstraße herrscht eine westliche Strömung vor, die an der Westseite der Skanden zu Staubewölkung führt. Über Lappland ist durch den Einfluss des Tiefdruckgebietes mit Niederschlägen zu rechnen.

Dieser Teil der Reise wird mich einmal quer durch Lappland führen. Eine der Definitionen für Lappland, auf die man sich verständigt hat lautet: „alle Teile Norwegens, Schwedens, Finnlands und auch Russlands, die nördlich des Polarkreises liegen. In dem Teil, den ich heute überfliegen werde, steigt die Landschaft von der Ostsee westwärts über flachwellige Taigagebiete zu den Skanden, den Skandinavischen Alpen bis auf 2000 m an. Die Ostseite ist, bei der vorherrschenden westlichen Luftströmung im Lee der Berge wesentlich trockener als die norwegische Küste im Westen. Da sich die Auswirkungen des Golfstromes nicht über das Gebirge hinweg durchsetzen können, ist das Klima in Lappland kontinental ausgeprägt. So warm es im Sommer auch wegen der langen Tage werden kann, so kalt wird es hier im Winter.

Arvidsjaur, etwa 100 km südlich des Polarkreises gelegen, hat etwa 4500 Einwohner, wird im Sommer von vielen Touristen und im Winter

Foto: Prinzing

→ Die „Frühstückskarte" mit dem „Navigationsbesteck".

von Autotestern besucht, die hier ausprobieren, ob und wie ihre Wagen im Winter funktionieren. Die meisten Häuser liegen am Rand einer sich von Nord-West nach Süd-Ost durch den Ort erstreckenden Landstraße.

Dämmerlicht die ganze Nacht im Zimmer hin oder her, ich habe tief und fest geschlafen. Zum Frühstück treffe ich mich mit Philipp in seinem Hotel, und dann fahren wir zum Flugplatz. Auf dem Weg dahin halten wir an einer Tankstelle, und ich kaufe zwei 15 Liter Kanister und 30 Liter Autosuper. Es gibt keinerlei Probleme, damit auf den Flugplatz zu kommen, und so kann ich mich wieder mit vollen Tanks auf die Reise machen. Deswegen kann ich den geplanten Tankstopp in Alta, etwa 100 km südlich von Hammerfest, ausfallen lassen. Das hatte dann später noch eine Überraschung zur Folge, als mich Tage später die Rechnung aus Alta erreichte. 800 € für die „Vorbereitung einer Landung". „Habt Ihr für mich extra eine Landebahn gebaut???" „Toktok an der Kalebasse!" hätte meine Frau dazu gesagt, und so ähnlich habe ich auch ausgedrückt. Ich kann ja verstehen, dass der Unterhalt dieser Flugplätze in dieser Region nicht ganz billig ist, aber 800 € für nichts sind dann doch bemerkenswert. Man hat die Forderung dann fallengelassen, aber es war nicht die letzte Überraschung dieser Art auf der Reise.

In der dicken Luft der Polarregion hebt der Junior schnell ab, aber ich bemerke gleich nach dem Start, dass ich die Schnüre meines Gepäcksackes nicht ordentlich befestigt habe und lande nach sechs Minuten Flugzeit wieder in Hammerfest. Damit wurde der Flugplan geschlossen, und ich muss erst wieder einen neuen aufgeben. Das dauert alles, aber es war ja mein Fehler, also kein Gemotze.

Um 10:56 Uhr Ortszeit hebe ich wieder ab. Eigentlich wollte ich entlang der norwegischen Westküste nach Südwesten fliegen, aber davon raten mir die Wetterfrösche in München, die mich täglich hervorragend beraten, ab. In der westlichen Strömung labil geschichteter Luftmassen kommt

↑ Abflug aus Hammerfest.

↑ Vargsund südlich von Hammerfest auf dem Weg in Richtung Alta.

es dort zunehmend zu Staubewölkung mit eingelagerten Schauern, und danach steht mir nicht der Sinn, es wäre auch zu gefährlich. Gerne wäre ich südwestwärts nach Tromsö und Bardufoss geflogen, aber die Überquerung der Skandinavischen Alpen mit bis zu 2000 m Höhe wird ohnehin anspruchsvoll genug, und deswegen entschließe ich mich, der Landstraße, die von Alta nach Süden führt, zu folgen. Solche Landstraßen winden sich durch die Täler und sind nicht zu verfehlen.

Wenn eine Luftmasse vom Wind gegen Berge gedrückt wird, steigt sie gezwungenermaßen auf. Dabei kühlt sie sich ab, und die in ihr vorhandene Feuchtigkeit kondensiert aus, es bilden sich Wolken. Wenn die Luft über den Ozean strömt, saugt sie sich mit Feuchtigkeit voll, und dann kann auch viel Feuchtigkeit auskondensieren. Bei dieser Kondensation wird latente Wärme frei. Wenn diese dann relativ warme Luft in einer ansonsten kalten Luftmasse aufsteigt, beschleunigt sich der Auftrieb, und es bilden sich Schauer oder Gewitter. Das nennt man labile Schichtung.

Schauer oder Gewitter in einer dicken Wolkenschicht, das brauche ich in engen Fjorden wirklich nicht, deswegen die „Flucht“ auf die Leeseite der Berge.

Aber zunächst genieße ich den Anblick der Fjorde. Ich folge dem Vargsund nach Süden, bis ich Stadt und Flughafen Alta erreiche. Die Täler, durch die die Landstraße sich windet, sind enger, als ich es erwartet habe, aber ich komme gut hindurch. Jenseits des Kammes der Berge bildet die Landschaft eine felsige Hochebene, in der die Straße gut zu erkennen ist, und ich komme gut voran, auch wenn es wegen der Flughöhe immer noch recht frisch ist und immer mal wieder Schauer umflogen werden müssen. Ich fliege südwärts, es muss wärmer werden. Dieser Gedanke muntert mich auf.

Südlich von Kautokeino erreiche ich für kurze Zeit finnischen Luftraum, bevor ich dann kurz hinter Enontekiö Schweden erreiche. Wenn Sie diese Ortsnamen nicht kennen, offenbart das keine Bildungslücke – ich kannte sie vorher auch nicht.

Das Gebiet, das ich jetzt überfliege, ist das Pessinki Fjällurskog, ein riesiges Naturschutzgebiet mit einer Fläche fast 100 Quadratkilometern und tatsächlich menschenleer. Kein Dorf, kein Haus weit und breit, nur jede Menge Gegend. Es gehört zu den borealen Zonen der Erde, da wo die polare allmählich in die subpolare Landschaft übergeht. Das ist deutlich zu erkennen, denn es ist nicht mehr so steinig wie hinter mir, und es grünt wieder deutlich mehr. Hier und da erheben sich kleine oder größere Hügel in der Landschaft. Was mich aber viel mehr beschäftigt, sind die kräftigen, wenn auch nur isoliert auftretenden Schauer, die ich leicht umfliegen kann. Ich folge dabei grob der einzigen gut ausgebauten Landstraße, die mich Richtung Gällivare bringt. Dort gibt es auch einen Flugplatz, der diese Gegend an die Welt anbindet. Ich versuche, den Flugplatzinformationsdienst zu erreichen, aber es antwortet niemand, was mich inzwischen nicht weiter verwundert. Als ich beim Überflug aber eine Fokker 50 (zweimotoriges Regionalverkehrsflugzeug) und einen vollen Parkplatz sehe, wundere ich mich doch ein wenig. Ein Anruf auf der Notfrequenz 121,5 MHz bringt dann die Aufklärung. Ich habe die normale Frequenz falsch gerastet. 123,300 MHz statt 123,330 MHz, so was kann in dem Geschaukel schon mal vorkommen. Der Kamerad am anderen Ende ist „not amused“ und macht ein ziemliches Fass auf.

↓ Schauer über Lappland, die E45 weist den Weg.

↑ Naturschutzgebiet Pessinki Fjällurskog.

Ich bitte ihn um seine Telefonnummer und sichere ihm zu, ihn nach der Landung anzurufen – war ja mein Fehler.

Es geht weiter nach Süden, und ich erreiche den Flugplatz Arvidsjaur noch kurz vor einem sehr kräftigen Schauer, weswegen ich den angebotenen Hallenplatz gerne nutze, denn da wusste ich noch nicht …

Ich erklimme den Turm und werde von der dort diensttuenden jungen Dame des Flugplatzinformationsdienstes schon mit düsterer Mine empfangen, denn den Kollegen in Gällivare wird wohl sonst nichts Aufregendes geboten. Sie haben schon mehrfach angerufen und begehren mich zu sprechen. Ich beginne das Gespräch mit einer Entschuldigung für den Fehler, bitte aber um Nachsicht, da man sich in einem offenen Cockpit, wenn der Wind an der Karte zerrt, leicht mal beim Ablesen vertun könne. Nein, so ginge das nicht, man hätte zwar mein Transpondersignal und schließlich auch das Flugzeug gesehen, aber das sei eine Gefährdung des Luftverkehrs gewesen. Na gut, dann ändern wir den Gesprächsmodus. Rund um den Flugplatz ist eine Traffic Information Zone und keine Kontrollzone eingerichtet, und das macht schon einen Unterschied. Und wenn man mich auf dem Radar und dann auch noch am Himmel sah, während das Verkehrsflugzeug noch zur Abfertigung am Boden stand, kann von einer akuten Gefährdung des Luftverkehrs wohl nicht die

Rede sein. Zumal ich ein „midfield-crossing“ gemacht habe (mitten über den Platz geflogen bin, wo startende und landende Flugzeuge, wenn überhaupt dann nur in geringster Höhe fliegen) und damit auch selbst Vorsichtsmaßnahmen angewandt habe. Wir werden uns nicht einig, und er kündigt mir eine Anzeige an – na dann mach doch, mehr als meinen Fehler einräumen kann ich jetzt auch nicht mehr. Er hat es sich dann wohl doch noch anders überlegt, ich habe nie mehr etwas dazu gehört.

Es ist ein Grundsatz in der Fliegerei, dass man Fehler, sobald man sie bemerkt, eingesteht und die Folgen, die so ein Fehler haben kann, damit sofort abstellt oder ihre Folgen begrenzt. Das habe ich auch sofort gemacht, als ich die Fokker am Boden sah. Und das ist mir in diesem Fall anzurechnen. Dann noch seitens der Lotsen ein Fass aufzumachen, ist schlicht unprofessionell. Das kann man später am Telefon erledigen, wenn man denn unbedingt meint, dass man das muss. Während des Fluges Druck zu erzeugen, kann den Piloten zu neuen Fehlern verleiten, und das ist strikt zu vermeiden. Es ist auch in der Luft nicht einfach, einen Fehler zu verdauen, aber er muss weggesteckt und die Bewältigung auf später verschoben werden. Eine Form der wichtigen Resilienz, über die man als Flieger verfügen muss. Ich habe mir meinen Teil dabei gedacht.

In Arvidsjaur verspricht man mir für den nächsten Morgen sogar MoGas und so versorge ich mein kleines Fliegerle, das mutterseelenallein in der großen Halle steht und lasse mich ins Hotel fahren. Auf der Landkarte sah der Ort nicht so schön aus, aber das hat getäuscht. Ein blitzsauberer, kleiner Ort, in dem die Häuser schon ein wenig wie die Villa Kunterbunt von Pippi Langstrumpf aussehen. Ich esse vergnügt zu Abend, erledige meine Alltagstätigkeiten wie Wäschewaschen, Wetterberichte lesen, Fotos herunterladen und zu Hause anrufen. Jetzt kann man für das Abendpfeifchen auch schon wieder vor der Türe auf der Bank sitzen. Morgen soll es nach Skå-Edeby bei Stockholm gehen, und bei Junkers Aircraft ist man froh, als ich zusage, am nächsten Tag um 14 Uhr pünktlich zum nächsten „meet the pilot“ dort einzutreffen.

Tag 14 Donnerstag, 19. Juni

Arvidsjaur ESNX-ESSE **Skå-Edeby**		
09:18 - 13:34 Uhr	04:16 h	**49:44 h**
Skå-Edeby ESSE-ESSE **Skå-Edeby**		
16:18 - 16:26 Uhr	00:08 h	**49:52 h**

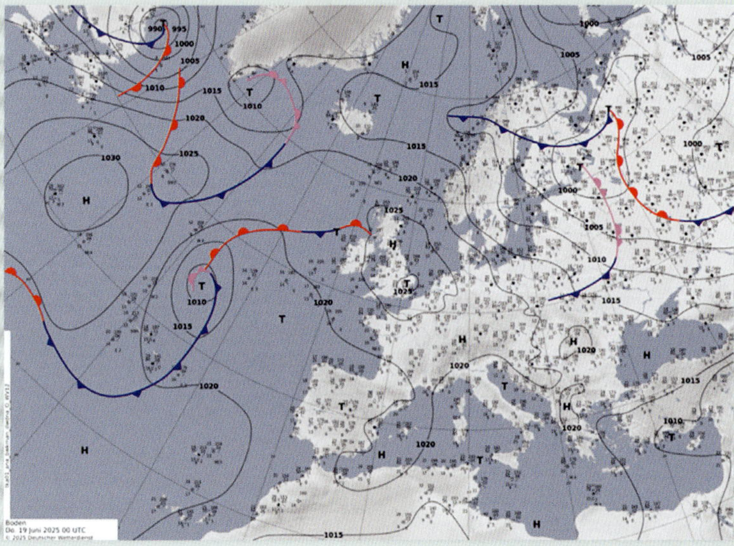

Wetterlage:
Die Flugstrecke führt entlang der 1010 hPa Isobare von der Kaltfront über Lappland weg.

Der Tag, der so schön beginnt, hat eine böse Überraschung parat. Nein, nicht der Kamerad aus Gällivare ist dafür verantwortlich, sondern die Rechnung, die man mir für die Landung und den Hallenplatz vorlegt. Umgerechnet 1250 € werden aufgerufen. „Sorry, ich will nicht den Flugplatz kaufen, sondern nur die Landegebühr für ein UL-Flugzeug, den Hallenplatz und das Benzin bezahlen!" 1250 €. Das ist schlicht unverschämt, und ich erzähle es nicht nur hier weiter. Leute, macht einen großen Bogen um Arvidsjaur!

Ich sehe ja ein, dass es nicht ganz einfach ist, im hohen Norden Flugplätze zu unterhalten, aber dann sollen es doch bitte die bezahlen, die es brauchen. Ich jedenfalls brauche keine 2000 m Beton, kein Instrumentenlandesystem und keinen Hangar, der auch eine Boeing 737 aufnehmen könnte. Sollte ich je noch einmal nach Schweden fliegen, dann lande ich nur auf kleinen, privaten Flugplätzen. Dass es nämlich auch anders geht, sollte ich

Foto: Cordes

→ Der mutmaßlich teuerste Hangar der Welt in Arvidsjaur.

↑ Es wird wärmer, im Hintergrund die Ostsee.

fünf Stunden später erfahren. In Skå-Edeby bei Stockholm wurde mein Weltbild wieder zurechtgerückt. Nun kann man mir vorhalten, dass ich in die Gebührenordnung hätte schauen können, ja, hätte ich, aber so etwas konnte ich mir in meinen schlimmsten Albträumen nicht vorstellen.

Um 09.18 h erhebt sich D-MQUI leicht vom Boden, obwohl mir die Rechnung noch schwer im Magen liegt.

Ich fliege südwärts über Landschaft in Richtung Sundsvall, wo ich die Ostsee erreiche und sich eine typische, schwedische Schärenlandschaft unter mir auftut. Hier kommt mir das „Schwedenzertifikat“ in den Sinn, von dem mein Schwiegervater, ein begeisterter Segler, immer erzählt. „Wenn die Arche es aushält, mit 6 Knoten auf eine Schäre zu ballern, dann bekommt sie ein Schwedenzertifikat!“ Ich habe keine Ahnung, ob das stimmt, aber es ist in meiner Familie zu einem geflügelten Wort geworden. Wenn irgendwer irgendetwas irgendwo draufbrummen lässt, und es heil bleibt – „Schwedenzertifikat!“

Bei Gävle verlasse ich die Küste wieder und fliege auf Uppsala zu, um den Luftraum von Stockholm Arlanda westlich zu umfliegen, oder besser zu unterfliegen. Wirklich, ich mag die Schweden, aber was die mit ihrem Luftraum veranstalten, ist völlig unangemessen. Die Untergrenzen der Anflugkorridore (für die Flieger: der TMAs) sind so tief gelegt, da kommt im Leben kein Verkehrsflugzeug vorbei. Dafür wird man als VFR-Flieger so tief nach unten gedrückt, dass sich die Räder schon fast drehen. Seit Jahren ist das in der EGU (European Gliding Union) immer wieder ein Thema, aber die Flugsicherer sitzen da auf einem derart hohen Ross, das einem die Zornesröte ins Gesicht steigt, wenn man mit denen redet. Ich lasse mir von Leuten, die noch nie ein Verkehrsflugzeug geflogen

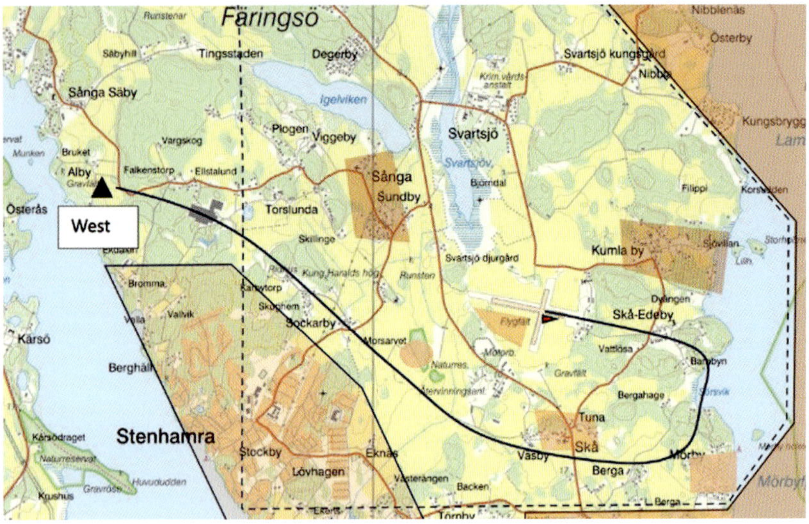

↑ Die Anflugkarte des Aero Club.

sind und auch nie eines fliegen werden, nicht gerne erklären, wie es geflogen werden muss.

Aber ich konzentriere mich lieber auf den Anflug auf Skå-Edeby, einen kleinen Grasplatz am Rande der Kontrollzone von Stockholm Bromma, dem Stadtflughafen. Zwei sich kreuzende Graspisten, ein Clubhaus und zwei Hallen, mehr braucht man nicht. Alles bestens, der Platz ist gut auszumachen und ich folge penibel dem Strich auf der Anflugkarte rund um all die kleinen Ansiedlungen herum.

Der Empfang ist wieder überaus herzlich und nach einem kleinen Imbiss und einer Tasse Kaffee beginnt – inzwischen fast schon routiniert – das nächste „meet-the-pilot“.

Dann starte ich noch einmal, um den Fotografen noch schöne Aufnahmen beim tiefen Vorbeiflug zu ermöglichen und halte dabei die schwedische Flagge aus dem Cockpit.

Danach betanke ich den Flieger und stelle ihn in den mir freundlicherweise von einem Fliegerkameraden zur Verfügung gestellten Hallenplatz – für ein Dankeschön!!! Er fährt mich auch noch in meine nahgelegene Unterkunft im Örtchen Stenhamra, wo meine Abendroutine beginnt. Zuerst

→ Clubhaus und Flugzeughalle in Skå-Edeby.

Foto: Cordes

Foto: Cordes

muss die Wäsche durchgekladdert werden, damit sie am nächsten Morgen trocken eingepackt werden kann. Dann brauche ich etwas zu essen und zu trinken, aber der nächste Supermarkt ist nicht weit, und dann geht es ans Studium der Wettermeldungen und Flugkarten, der Flugweg wird eingezeichnet und der Brennstoffverbrauch berechnet.

Ich habe immer vollgetankt, denn solange ich alleine fliege, bleibe ich dabei auch mit allem Gepäck knapp unter der maximal zulässigen Abflugmasse von 600 kg. Reichweite und Nutzlast sind bei jedem Flugzeug ein Thema. Volltanken und voll beladen geht bei keinem Flugzeug. Ich will das für meinen Junior an dieser Stelle einmal vorrechnen. Das Flugzeug hat eine Leermasse von 382 kg, 104 Liter Benzin wiegen 75 kg, ich komme mit Klamotten, Kopfhörer, Sturmhaube und Lederjacke auf etwa 100 kg, dann bleiben für die Zuladung noch gerade 43 kg – für Werkzeug, Ersatzteile, Öldosen, Karten, Rechner, Rettungsinsel, Wäsche und Tabaksdose.

Im kleinen Garten meiner Unterkunft gönne ich mir noch ein Bierchen zum Abend, der günstige Hallenplatz lässt diese relativ hohe Ausgabe aber gerechtfertigt erscheinen.

↑ „Meet the pilot“, die schwedische Luftfahrtpresse begutachtet den Junior.

↓ Was man abends so macht.

Foto: Cordes

Tag 15 Freitag, 20. Juni

Skå-Edeby ESSE-ESKV **Arvika**

09:13 - 11:31 Uhr 02:18 h **52:10 h**

Arvika ESKV-ENHD **Haugesund**

13:05 - 16:13 Uhr 03:08 h **55:18 h**

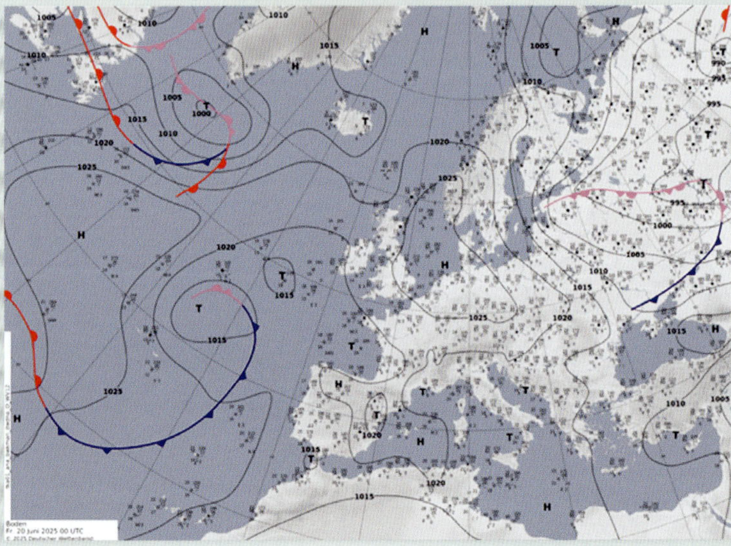

Wetterlage:
Ein Hoch mit Kern über der südlichen Nordsee und einem Druck im Kern von mehr als 1025 hPa sorgt für problemloses Flugwetter.

Wunderbares Flugwetter! Der Kamerad, der mir seinen Hallenplatz zur Verfügung gestellt hat, holt mich morgens ab und bringt mich zum Flugplatz. Gemeinsam holen wir den Flieger aus dem Hangar, und ich beginne meine üblichen Prozeduren. Füllstände von Benzin, Öl und Kühlmittel überprüfen, alle Leitungen auf festen Sitz und was man sonst außen am Flugzeug noch so kontrolliert.

Ich bin zufrieden, schäle mich in mein enges Cockpit und sortiere alles so, wie ich es brauche. Dann rolle ich nach einer herzlichen Verabschiedung zum Start und verlasse diesen schönen Flugplatz und die netten Menschen, die ich hier kennenlernen konnte, auf der Piste 29 in Richtung West-Nordwest.

Unter mir tut sich eine wunderschöne Landschaft auf, die allem, was man von Schweden erwartet, entspricht. Kleine Dörfer und Städte mit buntbemalten Holzhäusern, stille Seen, kleine Waldstücke und dann und wann ein kleines Schloss.

Ich überfliege den Sätterholmsfjärden, passiere Karlstad und nehme Kurs auf den kleinen Flugplatz von Arvika. Die Landschaft wird jetzt wieder deutlich waldreicher, und das Gelände steigt ein klein wenig an.

Der Flugplatz ist leicht zu finden, und nach der Landung auf der kleinen Asphaltpiste rolle ich direkt zur Tankstelle, auch hier gibt es MoGas. Der Flughafenchef persönlich empfängt mich, und als sich herausstellt, dass er A 320-Kapitän bei SAS ist, haben wir reichlich Gesprächsstoff. Es gesellen sich noch ein paar deutsche Fliegerkameraden hinzu, die hier ihren Urlaub verbringen, so dass es viel zu erzählen gibt, und es mit fast ein wenig schwerfällt, wieder aufzubrechen.

Da es auf dem nächsten Streckenabschnitt über die Skandinavischen Alpen gehen wird, ziehe

← Guten Morgen, was für ein schöner Tag zum Fliegen.

← Kurz nach dem Start in Skå-Edeby.

→ Flug über den Oslofjord.

→ Bergsee auf 2000 m Höhe.

Foto: Cordes

↑ Wellenwolken über den Skanden.

ich auch die Lederjacke wieder über meinen Overall und mache mich von den besten Wünschen begleitet auf den Weg.

Es geht weiter nach Westen, und nach einer Stunde Flugzeit erreiche in den Oslofjord. Die norwegische Hauptstadt ist in der Ferne zu erkennen. Ich ahne, wo ungefähr der alte Flughafen Fornebu gelegen hat, der 1998 geschlossen wurde, weil er zu klein geworden war. Der neue, Gardermoen, liegt weit außerhalb der Stadt im Norden, ich war dort ein paar Mal mit dem A320 und einmal auch mit der MD11. Der Anflug auf Fornebu war bei schönem Wetter bei Süd- oder Westwinden immer ein großartiges Erlebnis. Da die Innenstadt von Oslo nicht überflogen werden sollte, flog man einen circling-approach. Das ist ein Verfahren, dass der Platzrunde, wie man sie in einem kleinen Flugzeug fliegt, sehr ähnlich ist. Es geht im Anflug auf dem Leitstrahl der Gegenrichtung bis auf 200 m Höhe runter, und dann umfliegt man den Platz, um in Gegenrichtung zu landen. Es ging dabei scharf am berühmten Rathaus von Oslo vorbei, aber allzu viel Zeit zum Raussehen hatte man nicht, da alles passen musste.

Wieder ändert die Landschaft unter mir ihr Bild vollständig. Hier sieht es jetzt plötzlich aus, wie an den Alpen, wenn man sich ihnen von Norden her nähert, fast wie im Allgäu.

Und auch hier werden die Berge immer höher. Die „Alpentäler“ enden irgendwann, und ich finde mich bald in 7000 ft Flughöhe wieder. Es wird karg, und schroffe Felsen liegen unter mir. Einsame Bergseen, wenige tief eingeschnittene Täler, die Bezeichnung „Skandinavische Alpen“ trifft zu.

Hier wird es jetzt auch wieder frisch, und ich bin froh, dass ich meine Lederjacke angezogen habe. Wenn die Luft sich trockenadiabatisch abkühlt, wird sie alle 100 Höhenmeter 1 Grad kälter, das heißt, dass sie in den etwa 2500 m Höhe, in denen ich die Berge überfliege, etwa 25 Grad kälter als am Boden ist. Damit herrschen in Reiseflughöhe Temperaturen um den Gefrierpunkt. Adiabatische Temperaturabkühlung bedeutet, dass nur die Abkühlung unter dem Einfluss des mit der Höhe abnehmenden Luftdruckes gemeint ist, Strahlung und Leitung von Wärme werden ausgeschlossen. Trockenadiabatisch heisst Abkühlung ohne Kondensation von Wasserdampf, also ohne Wolkenbildung. Kommt es zur Kondensation, bezeichnet man die Abkühlung als feuchtadiabatisch, denn bei der Kondensation wird latente Wärme frei, und die Luft kühlt sich dann in der unteren Atmosphä-

Foto: Cordes

↑ Ankunft an der Westküste.

re nur noch mit – 0,65 Grad pro 100 m ab. Latente Wärme lässt sich ziemlich einfach mit an dieser Stelle ausreichender Genauigkeit erklären. Wenn man einen Topf Wasser auf den Herd stellt, und das Wasser zum Kochen bringt, muss man Wärme hineinstecken, damit das Wasser seinen Aggregatzustand von flüssig zu gasförmig ändert. Wenn der Wasserdampf kondensiert, wird die vorher hineingesteckte Wärme wieder freigesetzt. Ich fliege unter den Wolken, deswegen kühlt sich die Luft in meinem Teil der Atmosphäre trockenadiabatisch ab.

Nach einer weiteren Stunde Flugzeit wird es dann wieder sehr „norwegisch". Die ersten Fjorde mit grünen Abhängen zu beiden Seiten tauchen auf, an den Ufern liegen kleine Ansiedlungen, in denen wieder bunte Holzhäuser stehen. Ich kann tiefer fliegen und mich an der wieder wärmeren Luft erfreuen. Weit im Westen ziehen aber Wolken auf, und als ich in Haugesund ankomme, ist der Himmel schon vollständig bewölkt.

Der Gegenanflug auf die Piste 13 erfolgt über die Stadt hinweg, so dass ich einen ersten Eindruck bekomme. Auf dem Vorfeld werde ich eingewunken, und das Flugzeug wird mit Hütchen gesichert, die ich gleich wieder einsammle, weil die Kameraden des örtlichen Aeroclubs eine ihrer Cessnas nach draußen stellen, damit mein Schätzchen einen Hallenplatz bekommt.

Der Mechaniker der Firma Junkers ist schon da, denn hier in Haugesund soll vor der großen Überwasserstrecke zu den Shetlands eine 50 Stunden Kontrolle am Flugzeug vorgenommen werden. Aber erst morgen, für heute ist Feierabend, und wir werden ins Hotel gefahren. Das Flughafenhotel liegt außerhalb der Stadt, und eine Kneipe ist weit und breit nicht zu finden. So enden wir im Imbiss eines Supermarktes bei einem Essen, zu dem man nur sagen kann: der Hunger treibt's rein ...

Wir hatten im Supermarkt noch versucht, ein Bier zukaufen, mussten es, nachdem wir an der Kasse an der Reihe waren, wieder ins Regal zurückstellen. Kein Alkoholverkauf nach 20 Uhr! Was nützt es zu murren, andere Länder, andere Sitten, und wir sind hier zu Gast. Wenigstens an der Hotelbar gibt es noch ein Bier, das man aber auch mit Gold hätte aufwiegen können. Inzwischen hat es begonnen, zu nieseln, aber was soll's, der Flieger steht ja in der Halle. Wie gut, dass ich in Arvika rechtzeitig aufgebrochen bin, denn so war es nicht vorhergesagt, aber hier an der Westküste kann sich das Wetter ja schnell ändern. Deswegen habe ich auch einen Tankstopp eingelegt, denn – wie am Nordkap – wollte ich es unbedingt vermeiden, mit geringen Brennstoffreserven hier anzukommen, um für den Fall einer plötzlichen Wetterverschlechterung noch Optionen offen zu haben.

↓ Haugesund.

Tag 16 Sonnabend 21. Juni

50 h-Kontrolle

Die Kontrolle am nächsten Tag ist schnell erledigt, es gibt keine Befunde und Beanstandungen an meinem kleinen Flugzeug.

↑ Der Rotax 912iS Boxermotor mit 100 PS.

Wären es bei einer solchen Kontrolle nur althergebrachte, typische Mechanikerarbeiten zu machen, hätte ich das selbst übernommen, denn die Zündkerzen auf das Kerzenbild zu überprüfen oder den Ölfilter zu wechseln, hätte ich auch hinbekommen, schließlich habe ich als Jugendlicher ja auch mein Mokick erfolgreich frisiert. Aber moderne Motoren haben ja alle ein elektronisches Gedächtnis, in das man mittels Laptop hineinschauen kann. Und da wäre ich dann mit meinem Latein am Ende gewesen. Ich habe weder das Programm dafür auf meinem Rechner, noch weiß ich, wo der eingestöpselt werden müsste, wie man an die Daten rankommt, und wie man sie zu interpretieren hat. Und der nächste Flug soll vier Stunden über Wasser führen, da darf der Motor seine Geheimnisse, wenn er denn welche hat, ruhig preisgeben.

Der Mechaniker macht sich auf den Weg nach Stavanger, um wieder nach Deutschland zurückzufliegen, und ich nehme den Bus zum Hotel. Um nicht wieder auf das teure Bier im Hotel angewiesen zu sein, mache ich mich vor 20 Uhr auf den Weg zum Supermarkt, und lerne dann, dass am Wochenende gar kein Bier verkauft wird. Gut, so ist das hier eben, also doch wieder das teure im Hotel.

Die Wettervorhersage für den nächsten Tag ist nicht günstig, und ich beschließe, in Haugesund zu bleiben. Außerdem teilt man mir bei einem Anruf auf dem Flugplatz von Sumburgh auf den Shetlands mit, dass es dort kein Flugbenzin gibt. Meine Anfrage, ob ich aus den mitgebrachten Kanistern Autokraftstoff tanken dürfte, wird „aus Sicherheitsgründen" abgelehnt. Schade, damit ist der Ausflug auf die Shetlands abgesagt. Die Inselgruppe hätte mich wirklich sehr interessiert, aber es war kein Bemühen herauszuhören, mir ein Tanken zu ermöglichen.

Tag 17 Sonntag 22. Juni

Stehtag wegen des Wetters in Haugesund

Die Warmfront des Tiefs mit Kern südwestlich Islands erreicht die norwegische Küste mit tiefen Wolken im Stau, und auch die Sicht ist nur mäßig, das ist wahrlich kein Wetter für den Flug über die Nordsee.

Ich beschließe, den Vormittag zu vertrödeln und mich mal wieder richtig auszuschlafen. Am späten Vormittag fahre ich mit dem Überlandbus, der aus Stavanger kommt und vor dem Hotel hält, nach Haugesund hinein. Aber auch da gibt es eine Überraschung. Der Busfahrer nimmt nur Bargeld, dabei dachte ich, dass Bargeld in Skandinaviern kurz vor der Abschaffung steht. Also wandere ich wieder zu dem Einkaufszentrum, wo ein Geldautomat sein soll. Als ich dann eine Stunde später im nächsten Bus sitze, mache ich noch eine neue Erfahrung. Alle Sitze sind mit einem Dreipunktgurt ausgestattet, und der Fahrer fährt nicht los, bevor alle Fahrgäste angeschnallt auf ihren Plätzen sitzen.

Haugesund ist Ende des 19. Jahrhunderts als Umschlagpunkt und Poststelle für Seefahrer und Fischer entstanden und hat heute etwa 40.000 Einwohner. Im gesamten Einzugsgebiet leben etwa 200.000 Menschen, die vom Handel und vom Fischfang leben. Der Hafen ist ein Tiefseehafen mit einer großen Schiffswerft und einem Kreuzfahrerkai. Die Hochschule Westnorwegen unterhält hier einen Campus. Die Stadt ist durch den Karmsund von der Insel Karmöy getrennt, auf der der Flugplatz liegt.

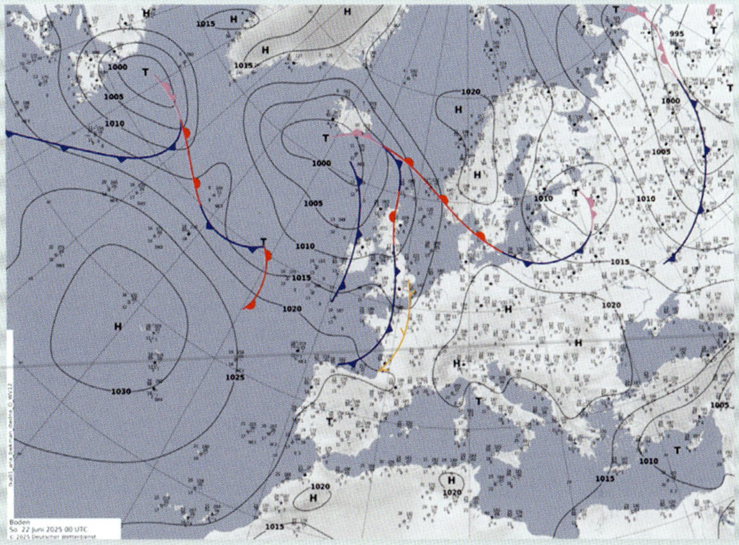

Wetterlage:
Das Frontensystem des Tiefs bei Island macht die Nordsee für den Flug in einem Kleinflugzeug unpassierbar.

→ Das Stadtwappen ist für einen Flieger besonders erwähnenswert, da es auf blauem Grund drei weiße Möwen zeigt und damit dem Leistungsabzeichen C der Segelflieger sehr ähnelt.

Tag 18 Montag, 23. Juni

Stehtag wegen des Wetters in Haugesund

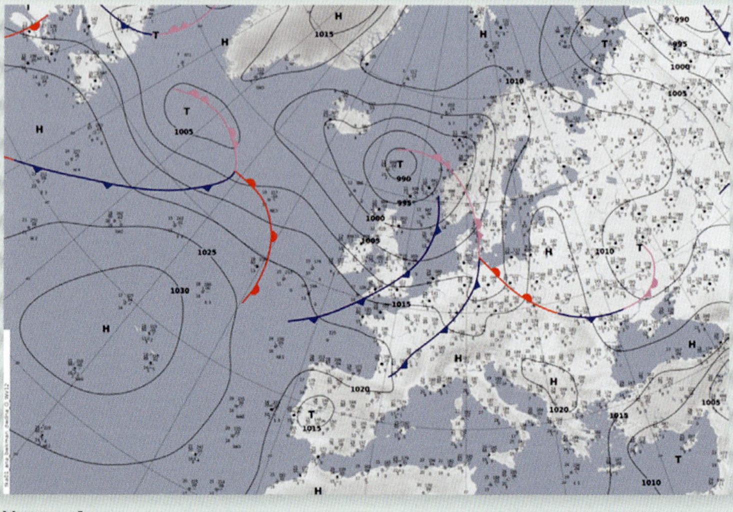

Wetterlage:
Das Tief ist in Richtung des Ausgangs der Nordsee weitergezogen und beeinflusst mit seiner Kaltfront die Küstenregion, starke Winde und Regenschauer sind zu erwarten.

Foto: Cordes

↑ Blick von der Fußgängerzone über den Smedasund auf einen Kreuzfahrer (Foto: privat)

Das Flughafenhotel ist ausgebucht, und ich ziehe in ein Hotel direkt am Hafen um. Am Nachmittag klart es auf, und ich fahre mit einer Fähre auf die Insel Rövaer, die vor der Stadt liegt. Es ist eine von diesen Schnellfähren, die vielleicht praktisch sind, aber nur ein eingeschränktes Erlebnis bieten, da man drinnen sitzen muss, und die frische Seebrise aus der Klimaanlage kommt. Aber die Leute, die damit täglich zur Arbeit fahren, sind sicher mehr an einer schnellen Verbindung als an frischer Luft interessiert, von der es hier ohnehin genug gibt. Auf der Insel mache ich einen Spaziergang und lerne in einem Café am Hafen einen Deutschen kennen, der ausgewandert ist. Im Laufe des Gespräches stellt sich heraus, dass er Verwandtschaft hat, die wenige hundert Meter von meinem Haus wohnt. Es ist eine immer wiederkehrende Erfahrung, die ich mache. In der großen weiten Welt trifft man Leute von nebenan.

Tag 19 Dienstag 24. Juni

Stehtag wegen des Wetters in Schottland

Auch den Dienstag verbringe ich noch in Norwegen. Ich bin mir mit dem Wetterfrosch einig, dass der Flug nach Schottland am Mittwoch gelingen wird. Heute liegt noch tiefer Stratus über der Küste, und außerdem nähert sich eine Warmfront den britischen Inseln. Wenn man nach Sicht fliegt, vermeidet man es, einer Warmfront entgegenzufliegen, denn bei Annäherung einer Warmfront sinkt die Wolkenuntergrenze immer weiter ab, und die Sicht wird schlechter, bis es schließlich zu regnen beginnt. Über Land wird man dann zwischen Wolkenuntergrenze und dem Erdboden allmählich eingeschlossen, über See verschwindet der natürliche Horizont, was das Fliegen deutlich erschwert. Des lass'n mer!

So vertrödele ich den Tag in der Stadt, sortiere Bilder und studiere Flug- und Wetterkarten. Bisher war es egal, aber nun kneift die Zeit doch wieder ein wenig, denn ich werde in Old Warden, nordöstlich von London bei der Shuttleworth Collection erwartet. Doch es scheint ja gerade noch zu klappen.

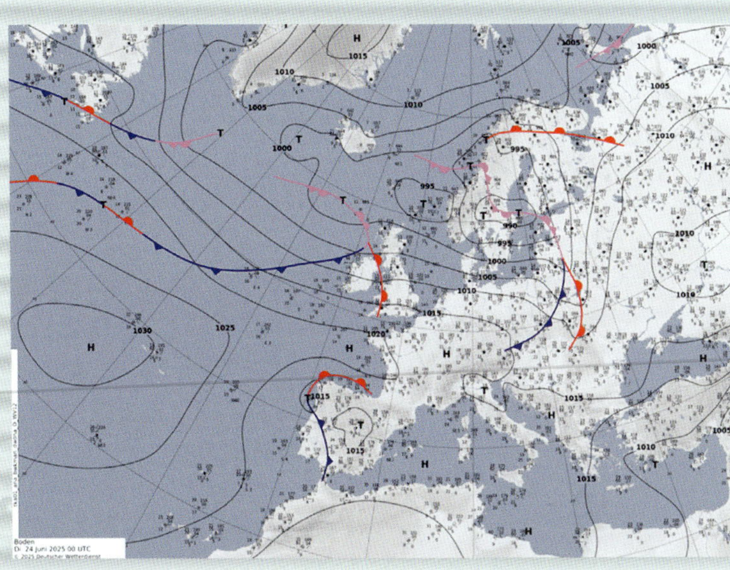

Wetterlage:
Das Tief hat seine Lage nur wenig verändert und beeinflusst das Gebiet mit tiefen Wolken und frischen westlichen Gegenwinden. Die Warmfront des Tiefs nordwestlich Schottlands wird zum Abend über dem Zielgebiet erwartet.

Foto: Cordes

← „Haraldshaugen", dieses Denkmal errichteten die Norweger anlässlich des tausendsten Geburtstages ihrer Nation an der Stelle vor den Toren Haugesunds, an der ihr erster König begraben worden sein soll.

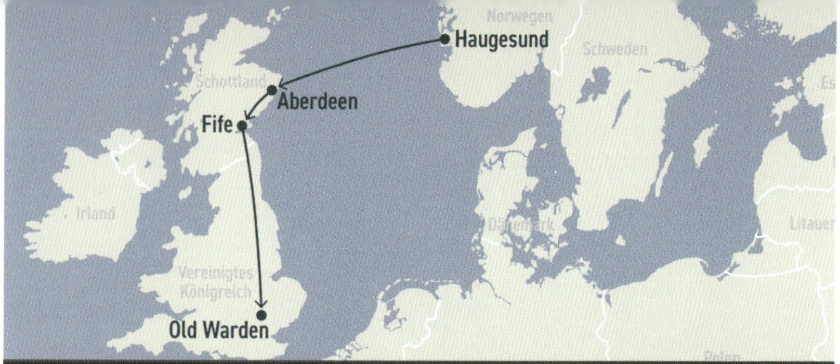

Tag 20 Mittwoch, 25. Juni

Haugesund ENHD - EGPD **Aberdeen**

10:13 - 12:46 Uhr (Zeitunterschied 1 h) 03:33 h **58:51 h**

Aberdeen EGPD - EGPJ **Fife**

13:54 - 15:01 Uhr 01:07 h **59:58 h**

Fife EGPJ - EGTH **Old Warden**

16:01 - 19:50 Uhr 03:49 h **63:47 h**

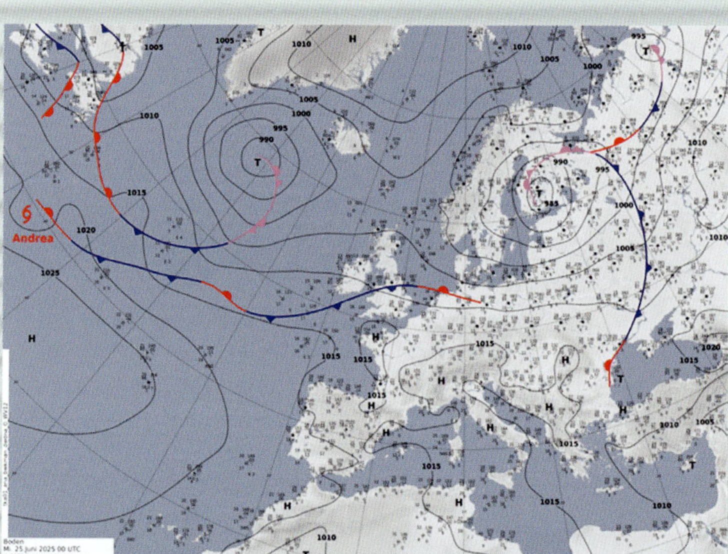

Wetterlage:
Zwischen den Tiefdruckgebieten südwestlich Islands und über Finnland und den Hochdruckgebieten über Grönland und der Schweiz hat sich über der Nordsee ein Sattelpunkt ausgebildet.
Die Kaltfront über Mittelengland zieht nach Süden weiter und beschert dem Zielgebiet bis zum Abend Rückseitenwetter.

Das Tiefdruckgebiet ist nach Finnland weitergezogen, und über der Nordsee setzt sich Hochdruckeinfluss durch. Wenn sich zwei Tiefs und zwei Hochs jeweils gegenüberliegen, sprechen die Meteorologen von einem Sattelpunkt. Der Begriff rührt von der Neigung der Druckflächen in der Höhe her. Sie sind in diesem Fall im Westen und Osten nach unten (Tiefdruckgebiet), im Norden und Süden nach oben (Hochdruckgebiet) geneigt. Das sieht dann ungefähr so aus wie ein Pferdesattel.

Endlich geht es weiter.

Kaum Wolken, wenig Wind, gute Sicht – UK, here we come. Aber vor dem Abflug gibt es wieder Ärger. Der Flughafen präsentiert mir eine Rechnung über 580 €, für eine Landung, die Einweisung auf dem Vorfeld und das Sichern des Flugzeuges. Die Sicherung waren die vier Hütchen, die wir, kaum dass sie hingestellt waren, wieder weggeräumt haben, um das Flugzeug in die Halle zu schieben. Und 200 € für die Passagierabfertigung sind auch enthalten. Welche Passagiere denn bitte??? Ich werde ob dieses doch sehr plumpen Versuches, mich abzuzocken, ein wenig grantig, was sich eine Viertelstunde später so rächt, wie es sich auf Flughäfen dann eben rächt. Ich hatte mich gerade in den Überlebensanzug eingepackt und mich in mein enges Cockpit geschält, als ein Wagen vorfuhr. Ich wäre noch nicht bei der Sicherheitskontrolle gewesen. Doch war ich, aber da wollte man nichts von mir wissen. Doch wollte man nun doch. Auch mein Argument, dass ich inzwischen ja nun alle Zeit gehabt hätte, verbotene Gegenstände zu verstecken, und dass ich keine Waffe bräuchte, um mich selbst zu entführen, verfängt nicht. Also pule ich mich wieder aus dem Flugzeug und stapfe mit meinem Raumfahreranzug zur Sicherheitskontrolle. Auf den Umweg durch das Terminal verzichtet man freundlicherweise, aber das Verfahren selbst verkommt zur Farce. Da ich mich weigere, mich wieder aus dem Anzug zu pellen, werde ich mit der Sonde untersucht, es piept natürlich, aber das ist dann plötzlich wieder egal. Das ganze Verfahren war komplett sinnlos, aber diese Erfahrung mache ich ja nicht zum ersten Mal. Airport-Security und Sinn sind zwei verschiedene Welten. Das war auch bei der Linienfliegerei nicht anders, wo es ab und zu schon mal an der Sicherheitskontrolle „geknallt“ hat.

Aber mit dem Ärger an diesem Tag war es noch lange nicht vorbei. Nachdem ich mich wieder sorgsam im Flugzeug verpackt und den Motor angelassen habe, frage ich nach der Rollfreigabe zur Piste 31. Nein, ich könne nicht fliegen, es läge kein Flugplan vor. Doch! Wie schon vor ein paar Tagen in Litauen teile ich der Dame auf dem Kontrollturm mit, wann am Vortage ich ihn aufgegeben und wann er mir bestätigt wurde. Sie hätte keinen. Ja, dann sieh mal zu, dass DU ihn findest – Your job. Als ich sie bitte, mir zu bestätigen, dass ich ihre richtige AFTN-Adresse habe, wird sie stutzig. Der weiß, was eine AFTN-Adresse ist? Ja, weiß er, das ist die Fernschreibadresse im flugsicherungsinternen System. Ich rufe beim Flugberatungsdienst in Frankfurt an und bitte darum, den Flugplan noch einmal an eben diese AFTN-Adresse zu schicken. Nach ein paar Minuten kommt er dort an, und die Dame bestätigt mir das auch etwas zickig. Jetzt reicht's mir. Ja, meine Lunte ist in solchen Dingen manchmal etwas kurz, aber wenn irgendjemand um einen Anpfiff bettelt, kann er ihn gerne haben. „Werte Dame, ICH habe den Plan nicht verbummelt, und ich fliege auch nicht für Sie spazieren, sondern Sie arbeiten mir zu! Und verwechseln Sie die Größe meines Flugzeuges bitte nicht mit meiner Flugerfahrung!“ Von jetzt an geht es deutlich besser, und um 08:13 Uhr erhebe ich mich in die Luft und drehe nach West-Südwest.

Meinen Flugdurchführungsplan habe ich so vorbereitet, dass ich für jeden Längengrad, den ich überfliege, den Breitenkreis bestimmt habe. Für jeden dieser Abschnitte habe ich den mittleren Kurs, die Entfernung und die Flugzeit berechnet. Ich kann also meine Meldungen wie folgt absetzen. „D-MQUI, soundsoviel Grad Nord, soundsoviel Grad Ost, Flughöhe soundso, nächste Position soundsoviel Grad Nord, soundsoviel Grad Ost um soundsoviel Uhr, normaler Betrieb.“ Fast wie bei einer Nordatlantiküberquerung im Verkehrsflugzeug zu Zeiten von Meldungen über Kurzwelle. „Gander, Gander, LH XYZ calling Gander on 58!“ Aber auch hier lässt der erste Disput nicht lange auf sich warten. Über der Nordsee herrscht reger Hubschrauberverkehr zu den Bohrinseln. Irgendwann sagt mir der Radarlotse, dass sich da und da ein Hubschrauber in der und der Höhe befinde und weist mich an, auf die und die Höhe zu steigen. Halt, mein Freund! Ich fliege nach Sichtflug-

↓ Der Flugweg im Mäusekino.

Foto: Cordes

regeln im Luftraum Golf, und da belässt Du es bitte bei Informationen. Als ich ihm sage, dass ich den Hubschrauber sehe, dass ich weit hinter ihm seinen Weg kreuzen werde und deswegen meine Höhe beibehalten werde, wird er fünsch. Ich muss ihn erst an die eben beschriebenen Zusammenhänge erinnern. Aber das war es immer noch nicht, einer geht immer noch. Nachdem ich eine gute halbe Stunde in der Luft bin, versagt mein GPS seinen Dienst, ich bekomme keine Anzeige meiner aktuellen Position mehr, und der gerade Strich in meinem Mäusekino ist auch nicht mehr da. Zwar habe ich noch die Kursinformation, so dass ich den Magnetkompass vor meiner Nase nicht brauche, aber hundertprozentige Positionsangaben kann ich jetzt nicht mehr machen. Also wird ab jetzt gekoppelt. So nennt man wie bereits erwähnt die Navigationsmethode, wenn man von einem Ausgangspunkt ausgehend mit Kurs, Geschwindigkeit und Zeit seine ungefähre Position bestimmt. Ganz früher gab es gar nichts anderes, das funktioniert natürlich. Und auch mein Telefon kann mir nicht weiterhelfen, es hat ebenfalls keinen GPS-Empfang, so dass ich von einer Ursache außerhalb des Flugzeuges ausgehe. Ich teile dem Lotsen mit, dass meine Zeiten für die Überflüge der Längengrade ab jetzt nicht mehr auf der GPS-Position beruhen, sondern auf Koppelnavigation. „Drehen Sie sofort um nach Haugesund!" „Nein, wieso?" „Weil Sie nicht mehr navigieren können!"

„Doch kann ich navigieren, und die Entscheidung, was ich zum Navigieren brauche, liegt bei mir allein!" Es geht noch eine Weile hin und her, bis ich ihm erkläre, dass ich der verantwortliche Flugzeugführer bin und meinen Flug fortsetzen werde – Punkt. Er hat noch irgendetwas zu meckern, aber ich antworte nicht mehr. Er muss annehmen, dass ich zu tief bin. Als ich von der östlichen auf die westliche Hemisphäre wechsle, rufe ich auf der Frequenz von Norway Control einen Airliner und bitte ihn, meine Überflugzeit des Greenwich Meridians, meine Ankunftszeit für Aberdeen und meine mögliche Restflugdauer zu übermitteln. Der erkennt an der Sprechweise sofort, dass er es nicht mit einem Amateur zu tun hat, gibt die Daten weiter und wünscht mir einen guten Flug. So geht's. Später erfahre ich, dass ich auf flightradar24 nicht mehr zu sehen war, was daheim einige Unruhe ausgelöst hatte – kann ich aber nichts für!

Ich habe viel über diese lange Überwasserstrecke nachgedacht. Auch wenn das Wasser hier nicht mehr so kalt wie am Nordkap ist, so liegt unter mir doch keine warme Badewanne. Auf dem Seminar haben wir gelernt, dass die ersten zehn Minuten bei einer Notwasserung entscheidend sind. Danach lassen die Kräfte nach. Und deswegen hatte ich mir folgenden Plan zurechtgelegt. Auf keinen Fall werde ich, wenn ich aus irgendeinem Grund ins Wasser muss, eine „normale" Landung auf der Oberfläche versuchen. Nicht nur bei Wellengang, auch

↓ Ausfall des GPS etwa 37 Minuten nach dem Start.

Foto: Cordes

Foto: Cordes

↑ Von hier kommt das Nordseeöl.

bei ruhiger See ist die Wahrscheinlichkeit hoch, sich zu überschlagen. Was das bedeutet, muss man sich mal in Ruhe vorstellen. Man sitzt noch angeschnallt im Sitz, den Kopf jetzt nach unten und unter Wasser. Man muss sich also losschnallen und dann nach unten wegtauchen, um aus dem Cockpit herauszukommen. Hoffentlich ist dann nicht zu viel Luft in den Klamotten eingeschlossen, die das nicht eben leichter macht. Und selbst, wenn ich es geschafft hätte, mich aus dem Cockpit zu befreien und die Wasseroberfläche wieder zu erreichen, müsste ich anschließend nochmal unter das Flugzeug tauchen, um die Rettungsausrüstung zu erreichen, nach Gefühl, denn viel sehen würde ich unter Wasser sicher nicht. Da sind die zehn Minuten Karenzzeit schnell verbraucht. Und selbst wenn das alles gelingen sollte, müsste ich dann aus dem Wasser in die Rettungsinsel krabbeln. Dass das anstrengend ist, habe ich in Elsfleth erfahren.

Deswegen sah mein „emergency-drill" für den Fall einer Notwasserung ganz anders aus. Mit den drei Litern Wasser kann man es schon eine Weile aushalten. Ohne Essen wäre ich gut klargekommen, denn – wie bereits erwähnt – den Notproviant für ein paar Tage habe ich „am Mann"! Und damit das dann auch so abläuft, bete ich mir das auch jetzt immer mal wieder vor. Das Wort „Drill" hat ja im Deutschen so einen gewissen Nachgeschmack, aber solche Situationen lassen sich nur überstehen, wenn man darauf gedrillt ist.

Etwa eine Stunde später bekomme ich Kontakt zum Lotsen von „Scottish", der mir einen Transpondercode zuweist, mich auf dem Radar sieht, und mir sagt: „Zehn Grad nach Links, dann sind Sie wieder auf Kurs!" Ansonsten lässt er mich bis an den Rand der Kontrollzone von Aberdeen einfach in Ruhe weiterfliegen – wie wohltuend.

Vor mir tut sich die schottische Küste auf, die wieder ganz anders aussieht. Auch schroff, aber viel grüner und flacher. Der Anflug auf Aberdeen ist problemlos, ich rolle zum Terminal der allgemeinen Luftfahrt und will meinen Pass vorzeigen. Den will aber niemand sehen, nur zur Kasse werde ich gebeten. 250 British Pounds landing and handling fee. Das ist ja fast schon ein Schnäppchenpreis ...

Tanken muss ich noch nicht, nur enttanken. Dazu schäle ich mich aus dem Überlebensanzug, der für diese Reise ausgedient hat, und nach einer

Foto: Cordes

↑ Ankunft an der Schottischen Küste.

Kaffeepause geht es weiter nach Fife, einem kleinen Flugplatz etwa 130 km südwestlich von Aberdeen. Dort gibt es das richtige Benzin, und dort darf ich sicher zu Fuß vom Flugzeug zum Klo gehen.

Der Flug verläuft in etwa parallel zur Küste etwas landeinwärts, und es „britelt" auf das heftigste. Die Ortschaften heißen Stonehaven, Forfar oder Dundee, ich überfliege den Firth of Tay, so eine Art Flensburger Förde auf britisch und erreiche Fife nahe der Ortschaft Glenrothes nördlich des Firth of Forth, an dessen südlichen Ufer Edinburgh liegt. Der kleine Flugplatz mit der schmalen Asphaltbahn hat alles, was ich brauche. Eine Tankstelle mit MoGas, eine kleine Kneipe und vor allem eine sehr rührige Chefin, die sich um alles kümmert, meinen Flieger und meine Reise bestaunt und mir sicherlich aus irgendeinem mütterlichen Gefühl der Fürsorge heraus ein Stück Torte und einen Pott Kaffee hinstellt.

Aber nütschanix, ich muss weiter, denn ich werde am Abend in Old Warden erwartet und bis dahin sind es noch Luftlinie etwa 500 km.

Und wieder entspricht die Landschaft allen Erwartungen und Vorurteilen. Ich überfliege den Northumberland Nationalpark, und wer einmal die englischen Krimis mit dem wabernden Nebel in den Hochmooren gesehen hat, in denen irgendwelche erbenden Cousins zum Gebell der Jagdhunde des Schlossherren, des 27. Grafen von Irgendwas, glucksend versinken, meint, dass sich das genau hier abgespielt haben muss.

Es geht an Newcastle und Sunderland vorbei. „Shorts Sunderland" hießen die riesigen Flugboote, die nach dem Krieg an der Berliner Luftbrücke beteiligt waren und auf dem Wannsee gelandet sind. Überhaupt schienen die Engländer häufig Städtenamen für ihre Flugzeuge genutzt zu haben, denn auch die Stadt „Lancaster" finde ich bei der Flugvorbereitung auf meiner Karte. Es geht an Leeds vorbei. Ich interessiere mich überhaupt nicht für Fußball, aber von Leeds United habe ich auch schon gehört. Irgendwann erreicht mich eine WhatsApp-Nachricht von Philipp, der von London aus mit dem Mietwagen unterwegs ist und wissen will, wann ich in Old Warden ankommen werde. Dann bittet er mich, etwas zu trödeln, damit er meine Landung noch fotografieren kann. Ich habe genug Sprit dabei, meine Sitzfläche hält auch noch durch, und so klappere ich noch einige der stillgelegten, aber immer noch gut zu erkennenden Flugplätze des Zweiten Weltkrieges, von denen sich die Lancaster-Bomber und die Fliegenden Festungen auf den Weg nach Deutschland gemacht haben, ab. Wieviele junge Kerle, die meisten gerade 20 Jahre alt, hat dieser Irrsinn das Leben gekostet, und selbst, wenn sie nicht abgeschossen wurden, was müssen die in 6 oder 7 km Höhe am offenen MG-Stand gefroren haben. Und von der Angst ganz zu schweigen, wenn Nacht für Nacht auf einen geschossen wird. Menschheit, hallo wach!!!

Nordwestlich von Old Warden liegt der Flugplatz Cranfield, der schon früh als Stationierungsort für eine Bomber-Einheit diente. Ende 1939, Anfang 1940 wurde der Flugplatz durch drei sich kreuzende Asphaltbahnen aufgewertet, sodass fortan auch bei aufgeweichten Böden geflogen werden konnte. Heute ist nur noch eine Piste in Betrieb, und neben einer renommierten Flugschule nutzen vor allem Geschäftsreiseflieger den Flugplatz. Kleiner ist eben manchmal doch größer.

Als ich in Old Warden einschwebe, ist schon viel fliegerische Prominenz eingetroffen. Lauter herrliche, alte Flugmaschinen in bestem Flugzustand. Die Junkers PR-Truppe nimmt mich in Empfang, das Flugzeug wird versorgt und eingehallt, und dann geht es ins Hotel im nahegelegenen Bedford. Ich habe mehr als acht Stunden in meinem engen Cockpit verbracht und hatte viel frische Luft um die Ohren, Zeit, zur Ruhe zu kommen.

Der Name Bedford leitet sich vom Sachsenhäuptling Beda und der Furt, die an dieser Stelle eine Querung des Flusses Great Ouse erlaubte, ab. Die Stadt mit fast 200.000 Einwohnern hat eine relativ große indische Gemeinde, was im Stadtbild nicht zu übersehen ist.

↓ Über Schottland.

Foto: Cordes

Tag 21 Donnerstag, 26. Juni

Old Warden EGTH-EGTH **Old Warden**

18:02 - 19:21 Uhr 01:19 h **65:06 h**

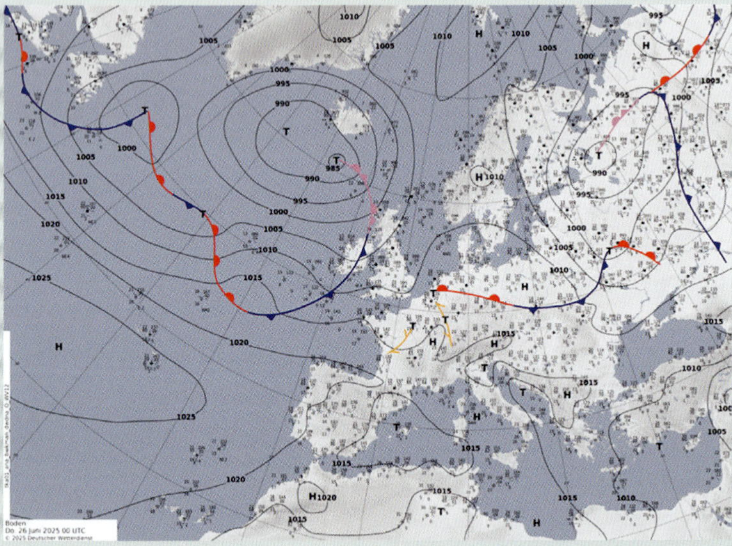

Wetterlage:

Ruhiges Wetter bei großem Isobarenabstand über Südengland.

→ Erst zum Frisör, dann in den Tabaksladen.

Den nächsten Morgen bummle ich mit Philipp nach einem späten Frühstück durch die Stadt und beschließe dabei, mir „die Kugel abdrehen zu lassen“, wie einer meiner Brüder zu sagen pflegte, wenn er zum Friseur ging. Und dann entdecke ich noch einen Tabakladen und erstehe nach einigem Schnüffeln 100 Gramm Pfeifentabak. Der Tabakhändler erkennt den Junkers-Schriftzug auf meinem Pullover und bemerkt augenzwinkernd. „Was? Du wagst es, mit einem Junkers-Flugzeug nach England zu kommen?“ Als ich ihm entgegne, dass ich damit keine Sturzflüge machen und auch sonst nur mit faulen Äpfeln werfen könne, sind wir uns einig und lachen herzhaft. Der Tabak war großartig!

Foto: Prinzing

Foto: Prinzing

Am Nachmittag fahren wir wieder zum Flugplatz, um für den Fotoflug zu starten, für den es am Vortag zu spät geworden ist. Fotoflugzeug ist eines der ganz seltenen Exemplare der zweimotorigen Do 28 A, die eine direkte Weiterentwicklung der einmotorigen Do 27 war. Bei der A-Version wurden das hintere Rumpfteil, der Flügel und große Teile der Steuerfläche übernommen. Die

→ Zum Rundflug in einer der seltenen Do 28 A eingeladen.

↓ Über Cambridge.

Foto: Prinzing

D-MQUI
JUNKERS

Foto: Prinzing

letzte und meiste verwendete D-Version hatte mit der A nicht mehr allzu viele Gemeinsamkeiten und ist für ihren unendlichen Radau bekannt. Ich bin auch längere Zeit eine Do 27 mit dem schmalen Fahrwerk geflogen und konnte dem Flugzeug nie etwas abgewinnen. Ich gehöre übrigens zur zweiten Gruppe der Do 27-Piloten, das sind die, die den Ringelpietz schon hinter sich haben ...

Wir fliegen zum nahegelegenen Cambridge, und es entstehen über berühmter Kulisse herrliche Bilder von Philipp. Abends sind wir bei Fliegerkameraden im Garten zum Essen eingeladen. Auf dem Weg dahin sind wir ein wenig sprachlos, als wir im Garten eines etwas unscheinbaren Landhauses erst einen Rolls-Royce und dann noch einen Hubschrauber entdecken. Ich bin wirklich kein armer Mann, aber nach oben ist offensichtlich trotzdem noch ganz viel Luft. Ob der glücklicher ist als ich, steht aber auf einem ganz anderen Blatt.

← Über dem Flugplatz Old Warden.

Tag 22 Freitag, 27. Juni
Tag 23 Sonnabend, 28. Juni
Tag 24 Sonntag, 29. Juni

Old Warden

Festival of Flight

Foto: Prinzing

Foto: Prinzing

↑ „It's british, isn't it?"

→ Eine De Havilland DH 88 „Comet" , gebaut für ein Luftrennen von Mildenhall, UK nach Melbourne, Australien im Jahr 1934, fast 400 km/h schnell.

An diesem Wochenende findet die Flugschau „Festival of Flight“ statt, und der Name passt. Es ist schier unglaublich, was die Mitglieder der Shuttleworth Collection auf die Beine stellen. Wo sonst sieht man noch eine Spitfire, eine Hurricane oder gar einen Lancaster-Bomber fliegen. Dazu die Sammlung von Flugzeugen aus dem Ersten Weltkrieg, die am nur späten Sonnabend aus der Halle gezogen und in die Luft gebracht wird, wenn ganz

ruhiges Wetter herrscht. Am Rande der Piste sind einige Zelte aufgebaut, die man mieten kann, und in denen man dann kulinarisch verwöhnt wird. Wir werden dazu gebeten, ich muss viel erzählen, habe auch ausreichend Gelegenheit, diesen „gehobenen Lebensstil" zu genießen.

Mit dabei ist mein ehemaliger Kollege Bernhard, der mit einer Vought F4U „Corsair" aus Deutschland über den Kanal hergekommen ist, einem knickflügeligen Jagdflugmonster mit einem 2000 PS-Sternmotor. Bernhard und ich kennen uns schon einige Jahre, er hat bei mir das Ju 52-Fliegen gelernt, und seine Frau war als Stewardess dabei, als ich meinen 500 Passagieren am Boden in Shanghai sagte „Wenn jetzt gleich eine Druckwelle durch Flugzeug rast, bin ich hier vorne vor Wut geplatzt!" Um das zu verstehen, muss man dabei gewesen sein, es hatte mit einem sehr lange dauernden Radwech-

↑ Die „Red Arrows".

sel am Flugzeug zu tun. Ein Formel 1-Boxenstopp war das jedenfalls nicht.

In Old Warden lausche ich ihm, wie er mir von den Flugeigenschaften der Corsair erzählt, und ich – ganz ehrlich – beneide ihn. Ich bin nun schon über 100 verschiedene Flugzeugtypen geflogen, aber zu einem Weltkriegs II-Jagdflugzeug hat es nicht gereicht. Einmotorig, 2000 PS, über 700 km/h Fluggeschwindigkeit, das muss ein Erlebnis sein. Ich darf mich auch ins Cockpit setzen und bin erstaunt, wie bequem man da sitzt. Als Bernie später mit weit über 700 km/h über den Platz jagt, heult

Foto: Prinzing

Foto: Prinzing

↑ Großes Publikumsinteresse.

Foto: Prinzing

die Luft. Und dann der Klang des Motors ist ein Traum.

Mit meinem Junior darf ich hier nicht fliegen, denn ich habe keine britische „display authorization“, darf also bei einer öffentlichen Flugschau nichts vorfliegen. Und die Zeit vor der Flugschau war zu kurz, um eine zu erwerben. Dennoch oder gerade weil der Junior außerhalb der Absperrung gut zugänglich ist, drängen sich Neugierige und echte Fachleute um das kleine Flugzeug. In einem englischen Fachmagazin ist ein Bericht über mein Flugzeug und mich entstanden, aus dem ich

↑ Die Sammlung von Weltkrieg I-Flugzeugen wird nur bei ganz ruhigem Wetter aus der Halle geholt und geflogen.

eine Passage hier gerne wiedergeben will. Der Journalist hatte sich darüber amüsiert, wie sehr ich nach dem Rangieren meines Flugzeuges darauf bestanden habe, dass das Spornrad auch wieder gerade in Roll- oder Flugrichtung steht. Und es ärgert mich wirklich, wenn ich sehe, dass Piloten oder Mechaniker ein Spornradflugzeug rückwärts schieben, und das Spornrad gerade so stehenlassen, wie es gerade steht.

Später las sich das in dem Artikel etwa so: „Claus ließ keine Gelegenheit aus, uns zu zeigen, dass er Deutscher ist. Nicht nur, dass das Spornrad ganz gerade stehen musste. Auch das Höhenruder musste in einer Linie zur Höhenleitwerksflosse und die Trimmklappe in einer Linie zum Höhenruder stehen!" Herrlich, ich kann sehr gut damit leben, diesem Vorurteil gerecht geworden zu sein.

Das Festival of Flight endet am Sonntagabend mit einer Party im Schloss, der Speiseplan bleibt allerdings hinter meinen Erwartungen zurück, Pizza im Pappkarton vom Lieferdienst.

→ Von oben nach unten: Supermarine Spitfire Mk. IX und V, Vought F-4 U Corsair und am Boden eine zweimotorige Dassault Flamant, vor der ein russischer Doppeldecker Polikarpow Po-2 steht. (Foto: Prinzing)

Foto: Prinzing

Tag 25 Montag, 30. Juni

Old Warden EGTH - EGKA **Brighton on Sea**

08:30 - 10:48 Uhr 02:18 h **67:24 h**

Brighton on Sea EGKA - LFBH **La Rochelle**

12:00 - 17:38 Uhr (Zeitunterschied 1 h) 04:38 h **72:02 h**

La Rochelle LFBH - LFDK **Soulac-sur-Mer**

18:22 - 19:00 Uhr 00:38 h **72:40 h**

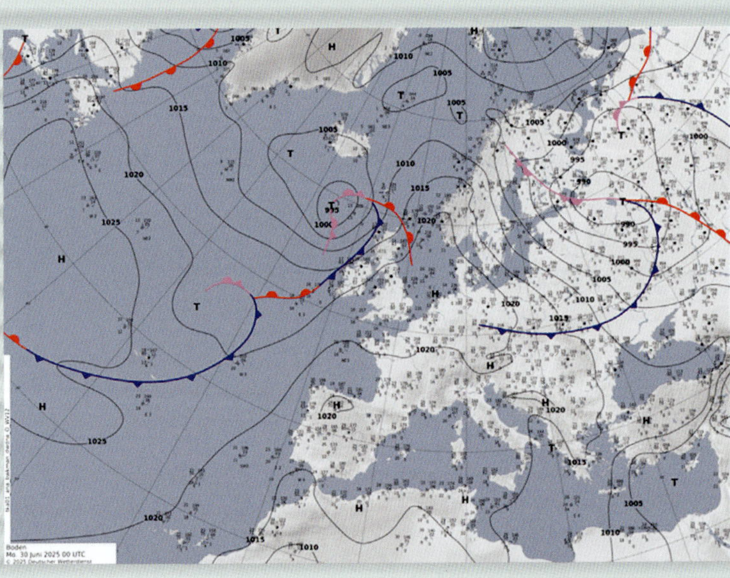

Wetterlage:
Ganz Frankreich liegt unter Hochdruckeinfluss.

Foto: Prinzing

↑ Bye bye, UK!

Petrus ist mit mir. Ein Hoch liegt über der südlichen Nordsee, die Fronten des Tiefs nordwestlich von Schottland werden das Wetter auf meiner Route nicht beeinflussen. Der Wind auf der gesamten Strecke wird nur schwach sein.

Ich lasse mich früh am Morgen mit dem Taxi zum Flugplatz bringen, wo schon reges Treiben herrscht. Bernies Motor muss vor dem Anlassen wie alle Sternmotoren am Propeller durchgedreht werden, und da ist jede helfende Hand willkommen. Das Spektakel des Anlassens, des Herunterklappens der Knickflügel und des Abfluges lasse ich mir nicht entgehen.

Erstes Ziel am heutigen Tag ist Brighton on Sea an der Südküste Englands. Hier muss ich die Ausreiseformalitäten in die EU erledigen und kann noch einmal tanken.

Der Weg dahin führt mich süd-südostwärts auf den Stadtrand Londons zu. Auf einen Abstecher nach Duxford, einem weiteren Eldorado für die Freunde alter, schneller Flugzeuge und lauter

↑ Kanalküste, der Hafen von Dover im Hintergrund.

Motoren, verzichte ich. Ich kenne den Platz aus dem Jahre 2003, als ich dort die F-AZJU, die französische Ju 52 übernommen und zum „Royal Air Tattoo" nach Fairford geflogen habe. Die französischen Kollegen waren noch sehr unerfahren auf der Ju und heilfroh, dass ich mich in Fairford mit den 20 Knoten Seitenwind geplagt habe.

Ich fliege unter dem Anflugverkehr von London-City hindurch Richtung Manston Airfield, das inzwischen geschlossen wurde, und erreiche nordöstlich von Dover die Kanalküste.

Der Flug entlang der Kreidefelsen ist äußerst beeindruckend. Im Fährhafen von Dover ist reger Betrieb, die lange Reihe der sich stauenden LKWs ist eindrucksvoll.

Es geht weiter an Lydd, Hastings und Eastbourne vorbei zum Leuchtturm von Beachy Head – absolut segenswert. Ich melde mich am Meldepunkt Brighton-Marina und erreiche wenige Minuten später den Flugplatz. Wieder will niemand meinen Pass sehen (deswegen bin ich hergekommen!!!). Ich tanke voll, auch wenn es nur AvGas gibt, trinke noch einen Kaffee und mache mich wieder auf die Reise.

Ich nehme Kurs auf Étretat an der französischen Kanalküste. Die Kreidefelsen der „Alabaster-

Foto: Cordes

→ Der Leuchtturm von Beachy Head.

↓ Das Denkmal für den „L'Oiseau Blanc" bei Étretat.

küste" bilden das Gegenstück zu denen bei Dover und sind ebenso eindrucksvoll. Hier befindet sich auch das Denkmal für den „L'Oiseau Blanc", den weißen Doppeldecker, mit dem Charles Nungesser und Francois Coli im Mai 1927 noch vor Charles Lindbergh versuchten, den Atlantik zu überqueren. An dieser Stelle wurde das Flugzeug zum letzten Mal gesehen, die beiden Pioniere sind seitdem verschollen.

Foto: Cordes

„Sekt oder Selters" war wohl oft die Devise bei den Pionieren der Frühzeit der Fliegerei. „Wir werden berühmt oder kommen um!" Ich sinniere über mein doch im Vergleich ausgesprochen lächerliches Wagnis und umkreise das Denkmal zu Ehren der beiden, die irgendwo da draußen geblieben sind. Ich kann in meiner engen Blechbüchse weder stramme Haltung an- noch die Mütze abnehmen, wie es sich in einer solchen Situation eigentlich gehört. Deswegen führe ich den Steuerknüppel für einen Augenblick mit der linken Hand und hebe die rechte zum Gruß an die Stirn. Der Respekt vor den Fliegerkameraden gebietet es!

Ich lasse Le Havre links liegen und nehme Kurs auf Caen. Etwas weiter nach Westen entdecke ich das Denkmal am Omaha Beach. Hier fand am 06. Juni der längste Tag statt, die größte Landeoperation in der Militärgeschichte. Ich versuche mir vor-

→ Die Alabasterküste.

Foto: Cordes

→ Omaha Beach.

↓ Mont St. Michel.

Foto: Cordes

zustellen, welches Gefühl es gewesen sein muss, wenn bei Fallen der Luke eines Landungsbootes das Feuer aus den Maschinengewehren einsetzt. Schrecklich. Auch hier mache ich einen Vollkreis im Gedenken an all die Männer, die an diesem Strand ihr noch junges Leben einem Irren opfern mussten und salutiere ebenfalls.

Weiter geht es nach Südwesten und der Mont St. Michel ist schon von weitem auszumachen. Irgendwie erinnert mich die Landschaft an die Westküste Schleswig-Holsteins, nur dass der Tidenhub hier deutlich größer ist, er soll angeblich bis zu 12 Meter betragen. Auf den weit von dem 78 Meter hohen Felsen entfernten Parkplätzen und dem Damm zur Insel ist reges Treiben zu beobachten. Um das Welterbe-Denkmal herum ist ein Flugbeschränkungsgebiet eingerichtet, sicher braucht man dort zu all dem Trubel nicht auch tieffliegende Cessnas. Ich bin beeindruckt, jetzt sehe ich alles live und in Farbe.

Es geht weiter südwärts und zwischen St. Nazaire und Nantes überquere ich die Loire. Statt der berühmten Schlösser der Loire bekomme ich ein

→ Soulac-sur-Mer.

Foto: Cordes

Foto: Cordes

AKW zu sehen. Bei Bourgneuf-en-Retz erreiche ich die Atlantikküste und folge ihr südostwärts nach La Rochelle. Die Aussicht auf die Strände ist herrlich, und warm ist es auch endlich. Der Zwischenstopp in La Rochelle ist nur kurz, weil sich auch hier niemand für meinen Pass interessiert, und es geht auf die letzte Etappe nach Soulac-sur-Mer. Vorbei an der Île d'Oléron bis direkt zum Badeort an der Küste der Biskaya. Der kleine Flugplatz ist leicht auszumachen, und ich werde bereits erwartet. Der überaus freundliche Platzbetreiber hilft mir beim Tanken mit MoGas, und die herbeigerufene Taxifahrerin mit ihrem Kleinlieferwagen hat alle Zeit der Welt. „Lentement, lentement, Commandant, pas de problème!"

Als alles erledigt ist, fährt sie mich in den Ort, wo ich in einer Pension ein kleines, gemütliches Zimmer beziehe und mich nach dem Durchkladdern meiner Wäsche sofort auf den kurzen Marsch zum Strand begebe. In dem Restaurant direkt an der Strandpromenade begreife ich sofort und eindrucksvoll, dass ich in einem anderen Teil Europas angekommen bin. Junge Mädchen in kurzen Kleidern, dafür aber mit wehenden Haaren, die auf einer Harley-Davidson vor dem Restaurant vorbeiböllern sagen deutlich: „Savoir vivre!" Das Essen und der Rote schmecken vorzüglich, und ich schaue mir in aller Ruhe an, wie die rote Sonne im Meer versinkt. In Kirkenes ist sie jetzt bestimmt noch deutlich zu sehen.

↑ Aéroport Soulac-sur-Mer.

← Die Abendsonne versinkt in der Biskaya.

Tag 26 Dienstag, 01. Juli

Soulac-sur-Mer LFDK-LETP **Santo Tome del Puerto**

10:09 - 14:27 Uhr	04:18 h	**76:58 h**

Santo Tome del Puerto LETP-LECU **Cuatro Vientos**

15:40 - 16:50 Uhr	01:10 h	**78:08 h**

Cuatro Vientos LECU-LECU **Cuatro Vientos**

19:07 - 19:57 Uhr	00:50 h	**78:58 h**

Auch dieser Tag beschert mir wieder Wetterglück. Über der Biskaya und der iberischen Halbinsel dominiert Hochdruckeinfluss. Der Einfluss der südlich von Irland liegenden Kaltfront wird meinen Flugweg nicht erreichen. Das ist auch auf dem Satellitenbild gut zu erkennen. Man sieht aber auch, wieviel Glück ich mit der Reiseplanung hatte, denn Norwegen und weite Teile Schwedens liegen unter Wolken.

Nach einem kleinen Frühstück im Garten des Hotels nimmt mich die Taxifahrerin vom Vorabend wieder auf und bringt mich in ein paar Minuten zum Flugplatz. Mein Fliegerle erwartet mich zur Reise nach Spanien, Zielflugplatz ist Cuatro Vientos. Dort hat die Fundacion Aeronautica Antonio Quintana ihren Sitz. Aufgabe der Vereinigung ist es, historisches Fluggerät zu erwerben, instand zu setzen und in der Luft zu halten. Genu wie bei der Deutsche Lufthansa Berlin-Stiftung. Der Namensgeber Antonio Quintana Pereira war ein fliegender Tausendsassa, der alles flog, was Flügel hatte und sich von 2001 bis 2008 als Präsident des Spanischen Aero Clubs an exponierter Stelle für den Flugsport engagierte, bis er im Jahre 2008 viel zu früh im Alter von nur 62 Jahren seine letzte Reise antrat.

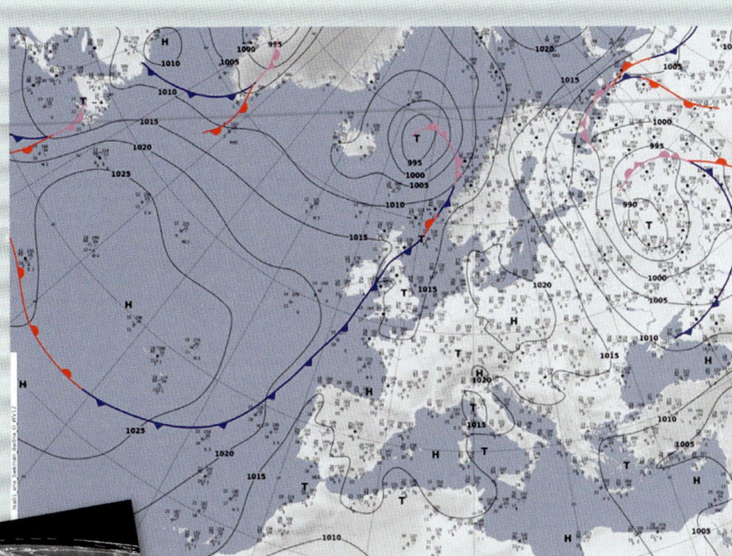

Wetterlage:
Über der Biskaya liegt der Kern eines Hochs, das den Flugweg dominiert.

← Satellitenbild vom 01. Juli 10:00 h MESZ, die Flugstrecke ist nahezu wolkenlos.

↑ Strände an der Biskaya.

Der Flugplatz Cuatro Vientos liegt im Südwesten der spanischen Hauptstadt und darf eigentlich von Ultraleichtflugzeugen nicht angeflogen werden. ULs werden in Spanien ohnehin nicht so ganz ernst genommen. Es bedurfte also einiger Anstrengungen der Fundacion, mir eine Landeerlaubnis zu beschaffen, aber es hat am Ende doch noch, wenn auch recht spät, funktioniert.

Dieser Tag würde der anstrengendste meiner Reise werden, aber das ahne ich noch nicht, als ich mich um kurz nach 10 Uhr von der Piste 32 in Soulac-sur-Mer in die Lüfte schwinge. Ich umfliege den Badeort noch einmal, bevor ich Richtung Süden den endlosen Stränden folge. Meine vorletzte Etappe hatte in Norwegen begonnen, die letzte in Old Warden und jetzt liegt die Biskaya unter mir. Alles Europa, alles auf seine Weise schön, aber doch so unterschiedlich.

Eigentlich könnte ich hier einfach in Ruhe der Küste hinterherfliegen, aber ein Flugbeschränkungsgebiet folgt dem anderen und so muss immer wieder mit dem Flugberatungsdienst Kontakt aufnehmen, um den jeweiligen Status der Gebiete zu erfahren. Die meisten sind jedoch für den Durchflug frei, und so genieße ich die Landschaft. Sie erinnert mich an das Gebiet nördlich von Riga. Endlose Strände und dahinter riesige Waldgebiete, kaum eine menschliche Ansiedlung – hier kann man sich bestimmt auch sehr gut erholen, zumindest wird es wärmer als in Lettland sein. Das letzte Beschränkungsgebiet nördlich von Biarritz ist aber doch aktiv, so dass ich ins Landesinnere ausweichen muss.

Biarritz – dieser Ort hat für viele Flieger und für alle Segelflieger einen ganz besonderen Klang. Mein ehemaliger Vereinskamerad Hans-Werner Grosse schaffte am 25. April 1972 etwas, das man bis dahin für schlicht unmöglich gehalten hatte. Mit seinem Segelflugzeug ASW12 ist er morgens in Lübeck gestartet und dann in einer Nord-Ost-Lage die 1460,8 km bis Biarritz in elfeinhalb Stunden geflogen. Ich war damals noch ein kleiner Junge von elf Jahren, kann mich aber noch recht gut an die Aufregung erinnern, die dieser Flug nicht nur im Aero Club von Lübeck ausgelöst hat. Dieser Weltrekord, Hans-Werner hat noch 49 weitere errungen, hatte bis zu einer Änderung der Regeln Bestand.

Eine Nord-Ost-Lage ist eine sich im Frühjahr oft einstellende Wetterlage, bei der kalte Luft aus Skandinavien über die Ostsee einströmt, die sich über Land erwärmt und aufsteigt. Bei ausreichend starkem Wind bilden sich dann Wolkenstraßen, wie ich sie auf dem Flug nach Suwalki beobachtet hatte und die im Segelflugzeug ein schnelles Fortkommen ermöglichen. Ich meine auch, mich zu erinnern, dass für Hans-Werner nach seinem Hinweis „Weltrekordversuch" alle Lufträume geöffnet wurden, damit er freie Bahn hatte. Allerdings war der Luftverkehr damals noch nicht so stark wie heute. Es war jedenfalls eine unglaubliche Leistung, und die Feier im Casino von Biarritz soll drei Tage gedauert haben – wahrscheinlich bis zum Eintreffen der Rückholmannschaft.

Hans-Werner, Jahrgang 1922, war ein außergewöhnlicher Mensch. Als Offizier der Luftwaffe flog er die Junkers Ju 88 als Torpedoflieger. Wenn andere mit ihren Erlebnissen geprahlt haben, hat Hans Werner von der Angst gesprochen, die alle Flüge begleitete. Und davon, dass man seine Generation verführt und ihr dann die Jugend gestohlen hat. Er war, in Lübeck als Textilkaufmann ansässig, aber ein Leben lang begeisterter Segelflieger und Vorbild und Mentor für den Nachwuchs. Bis ins hohe Alter war er „fit wie ein Turnschuh" und flog zuletzt die von ihm mitinitiierte Eta (nach dem griechischen Buchstaben, der in der Technik für den Wirkungsgrad einer Anlage benutzt wird), ein Segelflugzeug mit 32 m Spannweite. Als sich weit jenseits der 90 eine Krankheit seiner bemächtigte und die Kräfte langsam nachließen, sagte er immer nur: „Was soll ich mich beschweren. Als ich 20 war, haben sie jeden Tag auf mich geschossen, aber ich lebe immer noch!" Im Februar 2021 hat er im gesegneten Alter von 98 Jahren seinen letzten Flug angetreten. Er bleibt für immer unvergessen.

Ich werde aus meinen Gedanken gerissen, weil die Wolkendecke über mir immer dichter wird. Gleichzeitig steigt das Gelände unter mir an, und das ist keine glückliche Kombination. Offenbar staut sich die feuchte Luft, die mit einem leichten Nordwestwind von der offenen See her einströmt, im Vorland der Pyrenäen. Wie feucht sie ist, merke ich in meinen Klamotten. Nicht wirklich kalt, aber irgendwie ist alles ein wenig klamm. Dann muss es auf der anderen Seite der Berge zu föhnigen Aufheiterungen kommen. Ich suche mir also ein Wolkenloch, gebe Vollgas und steige über die mit etwa 6 Achteln Bedeckungsgrad noch nicht geschlossene Wolkendecke, so dass mir der Rückweg offenbleibt. Was ich über den Wolken zu sehen bekomme, ist einfach nur atemberaubend. Ich habe eine Inversion durchstoßen, es ist einige Grad wärmer, trocken, und die Sicht ist schier unendlich. Links

↑ Die westlichen Ausläufer der Pyrenäen.

voraus liegen die westlichen Ausläufer der Pyrenäen im Sonnenlicht und unter mir die im Sonnenlicht gleißenden, flachen Wolken. Südlich von Biarritz und südöstlich von San Sebastian erreiche ich Spanien. Holà!

Aber die Wärme, über die ich mich zunächst wirklich freue, wird bald zum Problem. Wegen der vielen kontrollierten Lufträume, die auch in Spanien für mein Empfinden viel zu groß geschnitten sind, muss ich recht tief fliegen, denn mit ULs ist der Einflug in kontrollierte Lufträume verboten, es sind ja keine „richtigen Flugzeuge". Und da unten ist es heiß, die Bodentemperaturen liegen so um und bei 40° C. Und da kommt der Ölkühler meines braven Rotax-Motors an seine Grenzen. Bis 110° C reicht der grüne Bereich der Öltemperaturanzeige, und dann noch bis 125° C der gelbe Bereich.

Die ersten Höhenzüge erreiche ich westlich von Pamplona. Nach Osten ausweichen kann ich nicht, weil ich in die Kontrollzone von Pamplona nicht einfliegen darf. Ich muss also über die Berge hinweg, und die sind vereinzelt schon etwa 1000 m hoch. Mit Gas geben ist das Problem nicht zu lösen, mein Mäusekino warnt mich, da die Öltemperatur schnell in den gelben Bereich der Anzeige steigt. Zu allen Überfluss kommt mir der Wind jetzt auch noch über die Berge entgegen, so dass ich sie von der Leeseite her anfliegen muss. Und da fällt die Luft „den Hang hinunter". Durch absinkende Luft komme ich da nie hinüber, also muss ich mir etwas einfallen lassen. Wieder einmal hilft es mir, dass ich Segelflieger bin, und ich suche mir einen thermischen Aufwind, der mich in engen Kreisen, gerade so wie im Segelflugzeug, nach oben trägt, ohne dass ich die Motorleistung erhöhen muss. Mit jedem Höhenmeter, den ich gewinne, wird es etwas kälter, und die Öltemperatur sinkt langsam. Auf der anderen Seite kann ich dann mit leicht gedrosselter Leistung weiterfliegen, so dass ich zurechtkomme, mehr aber auch nicht. Bis kurz vor Logrono geht es so weiter, ich über fliege das Tal des Ebros, der von seiner Quelle im Kantabrischen Gebirge auf fast 2000 m Höhe ostwärts Richtung Mittelmeer fließt. Er soll einmal die Grenze zwischen den Einflusssphären Roms und Karthagos gebildet haben. Hier wurde also irgendwo „der Ebro überschritten!"

Foto: Cordes

↑ Die Öltemperatur ist hoch, die Außentemperatur in 1200 m Höhe beträgt etwa 35° C.

↓ Die feuchte Luft der Biskaya bleibt an den Ausläufern der Pyrenäen hängen.

Foto: Cordes

Foto: Cordes

→ So eine Hangkante bietet kräftige Aufwinde, um ohne hohe Motorleistung Höhe zu gewinnen.

Abgesehen davon, dass ich das aus dem Geschichtsunterricht nicht mehr zusammenbekomme, sorgen mich ganz andere Dinge. Wieder, und diesmal noch höher, bauen sich Berge vor mir auf. Einige von ihnen erreichen fast 2000 m Höhe. Ich nutze die Windanzeige, um mir Hänge im Luv, also auf der windzugewandten Seite zu suchen, fliege ganz nah an sie heran und nutze die Hangaufwinde, so wie ich es seit Jahren im Winter an den Hängen des Wiehen- und Wesergebirges geübt habe. Aber die Dimensionen sind ganz andere und landbare Felder sind weit und nicht zu entdecken. So „tanke" ich an jedem dem Wind zugewandten Hang Höhe, um dann ein paar Kilometer weiter den nächsten Hang oder Berg zu überfliegen. Das funktioniert zwar gut, ist aber anstrengend und kostet Zeit.

Seitlich weit ausweichen und die Berge umfliegen ist auch nicht möglich, da müsste ich bis fast ans Mittelmeer fliegen, und die Luftraumstruktur macht es auch nicht leichter. So kämpfe ich mich buchstäblich bis etwa 100 km nördlich von Madrid voran. Den Luftraum von Madrid muss ich nordwestlich umfliegen, um nach Cuatro Vientos zu kommen. Zu allem Überfluss bauen sich mit Fortgang des Tages und der immer höher stehenden Sonne auch immer mehr Cumuli vor mir auf, deren Entstehung und Wachstum von den vielen Bergflanken sicher noch begünstigt wird. Und wie bei allen Flugzeugen kennt meine Kraftstoffmenge nur eine Richtung – abwärts. Ich kalkuliere meine mögliche Restflugzeit und treffe eine Entscheidung. Bis zum Ziel sind es noch ungefähr eineinhalb Stunden Flugzeit, wenn ich gut durchkomme. Ich bin aber schon ungefähr vier Stunden in der Luft, und das wird dann langsam knapp. Und ich möchte auf gar keinen Fall mit dem vorletzten Tropfen Sprit in einer mir unbekannten Gegend ankommen. Nicht weit von mir liegt der Flugplatz Santa Tome del Puerto mit einer 600 m langen Piste, das reicht. Natürlich meldet sich dort keiner am Funk, so dass ich mir den Platz – mit einer immer noch hohen Öltemperatur – erst von oben ansehe. Er verfügt über eine sehr schmale Asphaltpiste, auf der ich mit Seitenwind landen müsste, und eine breite Grasbahn in Windrichtung, über deren Zustand ich aber nichts weiß. Bevor ich meine wertvolle Höhe von etwa 300 m über Grund aufgebe, suche ich noch in der Ortschaft nach einer Tankstelle, die sich schnell findet. Dann ziehe ich das Gas heraus und beginne mit einem aufmerksamen Blick auf die Öltemperatur meinen Sinkflug und begutachte die Grasbahn bei einem tiefen Überflug. Eine Landung sollte kein Problem darstellen, und ich schiebe den Gashebel wieder nach vorne. Schnell ist die Öltemperatur, die sich bei dem Sinkflug etwas „erholt" hatte, wieder nahe am gelben Bereich. Anflug, Landung, tiefes Durchatmen. Ich weiß zwar noch nicht, wie genau es jetzt weiter geht, aber ich bin heil am Boden. Ich rolle das Flugzeug vor die Halle und parke es mit der Nase in den Wind, weil man das erstens sowieso so macht, und damit zweitens der heiße Wind meinen noch heißeren Motor kühlen kann. Dann gibt es erstmal einen tiefen Schluck aus der Wasserpulle, und dann verschwinde ich schnell hinter der Halle ...

Ein Blick auf die Uhr bestätigt mir, dass ich meine geplante Ankunftszeit für Cuatro Vientos schon fast erreicht habe. Es wird Zeit, sich bei der

↓ Ungeplante Landung in Santo Tome del Puerto.

Foto: Cordes

Flugsicherung zu melden. Ich rufe den Flugberatungsdienst in Madrid an und gebe eine Landemeldung ab. Der Herr am anderen Ende interessiert sich aber gar nicht dafür und meint, ich solle doch bitte in Cuatro Vientos anrufen. „Hör gut zu, mein Freund, DU bist der Flugberatungsdienst, und ich weiß, dass meine Landemeldung auf der Tonspur Deines Telefonanschlusses ist. Den Such- und Rettungsdienst bezahlst Du jetzt, wenn er ausrückt!" Das wirkt.

Nun muss es aber irgendwie weitergehen. Den Weg zur Tankstelle kann man gehen, mit leeren Kanistern, aber 30 Liter Kraftstoff wiegen eben auch reichlich 20 kg, und da würden die Arme sicher sehr lang auf dem Rückweg bergan bei 40° C. Also rufe ich bei RocketRoute an. „Ein Taxi bitte zum Flugplatz LETP!" Dann melde ich mich bei Junkers und sage, wo ich bin, und dass ich mich wieder melde, sobald ich sagen kann, wann ich in Cuatro Vientos ankommen werde.

In dem Moment fährt ein Auto auf den Flugplatz und ein Fliegerkamerad des örtlichen Segelflugvereins, der mich hat landen sehen, fragt, ob er mir helfen könne. Glaube ich jedenfalls, denn wir sprechen keine gemeinsame Sprache. Aber mit viel „Gasoline" und „Muchas Gracias" versteht er, was ich will, und fährt mich mit meinen beiden grünen Kanistern aus Hammerfest zu der von oben entdeckten Tankstelle. Ich bestelle das Taxi bei RocketRoute wieder ab und kaufe 30 Liter Superbenzin, eine Flasche Mineralwasser und ein Eis.

Wieder zurück am Flugplatz betanke ich meinen Junior, schaue nach dem Öl und mache mich zum Flug bereit. Ein heftiger Regenschauer zieht

↓ Ankunft in Cuatro Vientos.

Foto: Prinzing

unweit des Platzes vorbei, und die aus ihm ausströmende Kaltluft (das ist sehr relativ) verschafft mir und dem Flugzeug noch etwas Erleichterung.

Ich bin sehr froh, dass ich diese Entscheidung getroffen habe, denn ich war echt fertig. Körperlich und auch mit den Nerven. Man muss seine Grenzen kennen, deren Erreichen erkennen und sie dann auch respektieren.

Dann geht es weiter, und den Rest des Weges kann ich wieder genießen. Ich fliege an Fuente Milanos vorbei, einem bekannten Segelflugzentrum, habe Zeit und Muße, mir Segovia von oben anzuse-

↑ Hola Espana!

→ Der Flugplatz von Südwesten aus der Platzrunde.

hen und erreiche mein Ziel nach etwa einer Stunde Flugzeit. Der Empfang ist wie immer herzlich und bei Tapas und noch mehr Mineralwasser komme ich schnell wieder zu Kräften. Philipp ist aus Deutschland eingeflogen, und wir brechen noch zu einem Fotoflug auf. Während wir am Rollhalt auf die Startfreigabe warten, stelle ich den Motor ab, denn es ist immer noch heiß. 42° C werden gemeldet. Wie gut, dass mein Motor eine Einspritzanlage und keinen Vergaser hat, er springt klaglos an, als wir auf die Startbahn freigegeben werden. Auch bei diesem Flug erreicht die Öltemperatur wieder Werte, die an der oberen Grenze des grünen Bereiches liegen. Wüstentauglich ist der Junior so nicht, aber für heute reicht es.

Den Abend verbringen wir mit den Kameraden der Fundacion in einer Tapasbar mitten in Madrid. Jetzt sind die Temperaturen angenehm, und es lässt sich bei Zigarre und Rotwein gut fachsimpeln. Es stellt sich heraus, dass mein Sitznachbar ein pensionierter A340-Kapitän von Iberia ist, der zum Ende seiner Laufbahn nur noch nach Quito geflogen ist. Nachdem Iberia dort ein Desaster mit einem A 340-600 erlebt hatte, der erst hinter der Piste 35 zum Stehen gekommen ist, wurde ein kleiner Kreis von Kapitänen ausgeguckt, die als einzige dorthin fliegen durften. Ich kenne Quito auch von meiner Zeit auf dem MD 11-Frachter, und auch wir brauchten eine spezielle Qualifikation für den alten Flugplatz von Quito, der mitten in der Stadt auf 3000 m Höhe lag und von bis zu 6000 m hohen Bergen umgeben ist. Das war immer ein sehr spannender An- und Abflug. Ich war gerne da.

Foto: Prinzing

→ Der Turm von Cuatro Vientos.

Foto: Prinzing

→ Mücken abwaschen.

Tag 27 Mittwoch, 02. Juli

Cuatro Vientos LECU-LPBJ **Beja**

15:02 - 17:36 Uhr (Zeitunterschied 1 h) 03:34 h **82:32 h**

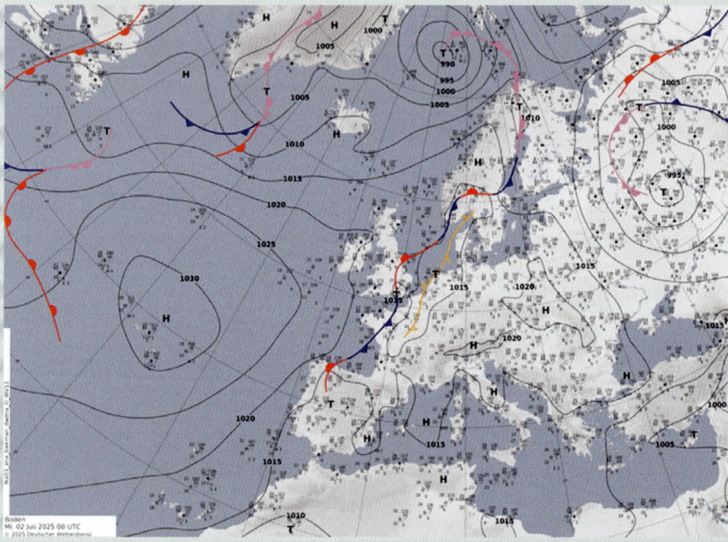

Wetterlage:
Ein Hitzetief über der Iberischen Halbinsel.

Der Vormittag beginnt mit einem weiteren „Meet the pilot“. Es ist viel örtliche Prominenz erschienen, die Honoratioren der Fundacion, der Flugplatzkommandant und viele andere Fliegersleute wollen sich mein Flugzeug ansehen und meine Geschichten über den bisherigen Reiseverlauf hören. Das Flugzeug ist in der Halle prominent platziert, und es werden Champagner und Häppchen gereicht – für mich gibt es aber natürlich nur Wasser! Ich bitte einen Kameraden mir folgenden Satz auf Spanisch aufzuschreiben. „Guten Tag, mein Name ist Claus Cordes, und ich spreche leider kein Spanisch!“ Ich lerne ihn noch schnell auswendig und beginne meine Ansprache damit, ohne ihn abzulesen. So macht man sich Freunde. Ich parliere dann auf Englisch weiter, und als ich meine Rede beende, scheint es mir zur Situation zu passen, mein Wasserglas zu erheben und laut und deutlich „Viva Espagna!“ in den Raum zu rufen. Wie selbstverständlich erheben sich alle von den Plätzen, nehmen Haltung an, erheben ebenfalls ihr Glas und erwidern meinen Ausruf wie aus einer Kehle. Schon am Vorabend hat es sehr gefallen, dass ich wie überall die Landesfahne beim Rollen von der Landebahn zur Abstellfläche am langen Arm aus dem Cockpit gehalten habe. Die kleine Zeremonie in der Flugzeughalle endet damit, dass ich den Spanienaufkleber auf meiner Motorhaube an seinen Platz setze. Es wird noch fotografiert, gescherzt und gegessen. Ich bin halt in Südeuropa angekommen!

Gegen Mittag steht der Weiterflug an, Beja in Portugal ist das Ziel, und dort ist eine längere Ru-

Foto: Prinzing

↑ Der obligatorische Länderaufkleber.

Foto: Prinzing

← Viva Espana!

Foto: Prinzing

← Fachsimpelei über den Junior und den Anflug von Quito.

FUNDACIÓN AERONÁUTICA
JUNKERS
CS-AB

Foto: Prinzing

← Weiterflug nach Beja.

↑ Auf dem Weg nach Béja.

hepause eingeplant. Ich soll mich erholen, und das Flugzeug bekommt eine 100 Stunden-Kontrolle vor dem Weiterflug über das Mittelmeer.

Den Trick mit der Hitze kenne ich, und wo immer die Thermik mich trägt, lasse ich das Flugzeug in kältere Luft aufsteigen, und kann dann eine Weile mit gedrosselter Leistung fliegen. Der Flugweg ist durch riesige Beschränkungsgebiete vorgegeben und führt mich bis zur portugiesischen Grenze bei Portalegre nach West-Südwest. Da kann ich dann „links abbiegen" und direkt auf Beja zufliegen.

Der Flughafen Beja war lange Jahre (1965 – 1994) Standort des Deutschen Luftwaffenkommandos Beja. Hier wurde mit Fiat G 91 (Gina) und später mit Alpha-Jets Pilotenausbildung durchgeführt. Es fanden auch immer wieder Tiefflug- und Waffeneinsatztrainings mit anderen Flugzeugtypen der Luftwaffe hier statt. Auch mein ehemaliger Arbeitgeber hat den Flugplatz wegen seines beständig guten Wetters lange Jahre für das Flugtraining neuer Kapitäne und Copiloten auf den Mustern B737 und B727 genutzt. Manche meiner Kapitäne, die ihre Fliegerkarriere bei der Luftwaffe begonnen hatten, haben mir viel von Beja erzählt. Nach dem Wegzug der Luftwaffe hat man wie bei vielen anderen kaum noch genutzten Plätzen versucht, Billigflug- und Frachtfluggesellschaften dorthin zu locken, aber so viele Flughäfen braucht die Welt nicht. Der Erfolg war auch hier nur sehr mäßig. Davon später mehr.

Ich werde abgeholt, und ins Weinhotel Quinta do Paral gefahren, das Dieter Morszeck gehört, dem Initiator der neuen Reihe kleiner Junkers-Flugzeuge. Es zählt zu dem „Leading Hotels of the World", und ich bin ausdrücklich aufgefordert, es mir richtig gut gehen zu lassen. Und das mache ich dann auch. Es gibt zum ersten Mal wieder richtig gewaschene Wäsche, es fehlt an nichts und entgegen meiner Gewohnheit drehe ich mich morgens noch mindestens zweimal um, bevor ich das Frühstück auf der Terrasse genieße. Nach einem solchen Frühstück lasse ich meinen sehr wohlschmeckenden Tabak aus England in der Tüte auf dem Tisch liegen, und die aufmerksamen Geister, die mich umschwirrt haben, halten ihn für Abfall – schade. Aber ich habe ihn ja liegen gelassen.

Foto: Cordes

← Ankunft in Beja.

Tag 28 Donnerstag, 03. Juli
Tag 29 Freitag, 04. Juli
Tag 30 Sonnabend, 05. Juli

Stehtage in Beja

100 h-Kontrolle des Flugzeuges

Am nächsten Tag trifft der Chef ein, und wir lassen den lieben Gott bei gutem Essen und noch besserem Wein bis in späten Abend hinein einen guten Mann sein.

Mein Flugzeug wird inzwischen penibel inspiziert und für völlig in Ordnung befunden. Ich erfahre in den Folgetagen viel über Weinanbau und die Geschichte der Region, Abstand zur Fliegerei ist hier gewollt. Ich bin jetzt schon seit vier Wochen unterwegs, und der anstrengendste Teil der Reise liegt hinter mir. So langsam kann man schon an das glückliche Ende denken, aber Vorsicht, denn man soll den Tag bekanntlich nicht vor dem Ende loben.

Die Tage vergehen wie im Fluge, und am 06. Juli geht es weiter.

Foto: Cordes

← Mehr als nur „ein" guter Tropfen.

Tag 31 Sonntag, 06. Juli

Beja LPBJ - LEAX **La Axarqua**

11:29 - 17:07 Uhr (Zeitunterschied 1 h) 04:38 h **87:10 h**

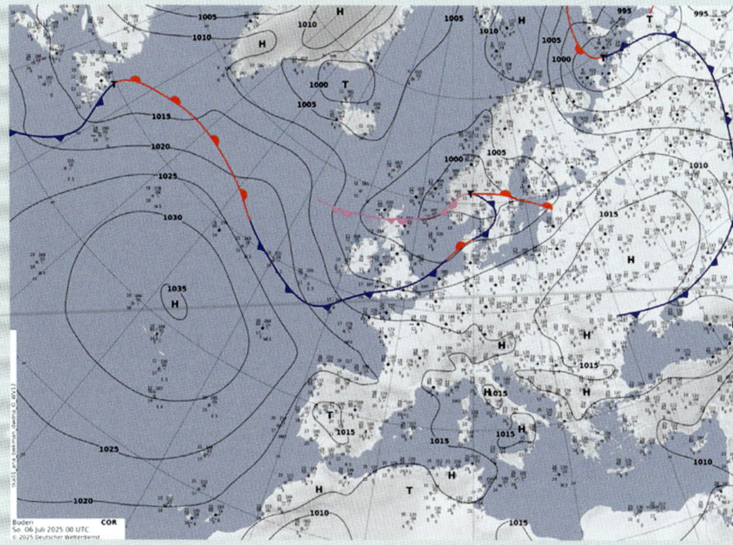

Wetterlage:
Die Ausläufer des Azorenhochs reichen bis ins westliche Mittelmeer.

Heute soll es an die südwestlichste Stelle Europas, von dort nach Gibraltar und dann weiter nach La Axarqua östlich von Malaga gehen. Aber dazu muss ich erst einmal aufs Vorfeld zu meinem Flugzeug kommen. Und das ist gar nicht so einfach. Je kleiner und unbedeutender die Flughäfen, desto wichtiger das Personal. Die Dame an der Sicherheitskontrolle will noch meine „company-ID“ sehen, meinen Firmenausweis. „Meinen was?“ „Ja, meinen Firmenausweis“. „Ich habe aber keinen Firmenausweis, und ich brauche auch keinen, denn ich habe eine gültige Lizenz, und da steht mein privates Flugzeug, mit dem ich vor vier Tagen hier angekommen bin.“ „Firmenausweis!“ „Nein, Lizenz!“ „Die ist aber deutsch, die gilt hier nicht!“ „Dann eben die hier!“ „Die ist für einen A380, und ich sehe hier keinen A380!“. Ich lese ihr die entsprechende EU-Regel vor, aber auch das beeindruckt sie nicht. Wir seien schließlich in Portugal, und da sei das nicht gültig. Jetzt ist meine Lunte abgebrannt. Ich belehre sie, dass der Spaß jetzt vorbei ist, und ich sofort ihren Namen erfahren und ihren Vorgesetzten sprechen will. So langsam schwant ihr, dass sie nicht mit Hänschenklein streitet. Sie gibt schließlich nach, und ich sage ihr, dass das nicht ohne Folgen für sie bleiben wird, zumal sie sich heftig im Ton vergriffen hat. Was sie heute macht, weiß ich nicht, bei der Security am Flughafen Beja arbeitet sie jedenfalls nicht mehr. In Lübeck hat mir auch mal so ein Mensch wortwörtlich gesagt: „Wenn Du hier rummeckerst, lass ich Dich mal eine Stunde warten!“ – mit demselben Ergebnis.

Das Flugzeug wird bepackt, betankt, und ich nehme Platz, lasse den Motor an und rufe den Turm, der inzwischen sogar besetzt ist, um nach der Rollfreigabe zu fragen. Und schon geht das Theater weiter. Ich hätte nicht nach einer Anlass-

Foto: Cordes

↑ Brandung des Atlantik an der Costa Vicentina.

freigabe gefragt. Guter Mann, nicht für VFR-Flüge und nicht für Flugzeuge mit Kolbenmotor! Nach einiger Diskussion fragt er mich dann, ob ich bereit sei, meine Streckenfreigabe mitzuschreiben. Ich verdrehe die Augen, weil ich ahne, was jetzt kommt. „You are cleared to Your destination via flight-plan-route, after departure climb to 3000 ft, turn right to heading 090 and call departure on frequency XXX.XX, squawk XXXX, read back!" (Freigabe zum Zielort wie geplant, steigen Sie nach dem Start auf 3000 ft, drehen sie nach rechts auf Steuerkurs 090 Grad, rufen Sie die Abflugkontrolle auf Frequenz XXX.XXX und setzen Sie den Transponder auf Code XXXX, lesen Sie zurück)

Guter Mann, das ist kein Linienflug nach New York! Leider muss ich schon wieder deutlich werden und ihm klarmachen, dass ich nach Sichtflugregeln im Luftraum G fliege, und da entlang fliege, wo es mir behagt. Wo haben die denn ihr Handwerk gelernt??? Wir einigen uns darauf, dass ich nach Südwesten abfliege und meinen Transponder auf 7000 setze, so wie Sichtflüge das in Europa machen. Das war aber nicht der letzte „Fachmann", mit dem ich es auf dem Rest der Reise zu tun hatte. Die Fluglotsen in Südeuropa sind – pardon – unter aller Würde und wissen nicht, wie Sichtflüge zu behandeln sind, und sie kennen ihre Kompetenzen und vor allem die ihnen gesetzten Grenzen nicht. Fliegen hat schöne und weniger schöne Seiten, erstaunlicherweise erlebt man die unschönen Seiten fast immer am Boden. Das war bei der Linienfliegerei auch nicht anders.

Egal, um 10:29 Uhr bin ich in der Luft, und der bleibt zurück! Es geht nach Südwesten auf die Atlantikküste zu, und die Landschaft ist jetzt schon atemberaubend anders als alles andere, was ich bisher gesehen habe. Hügelig, wellig, und die Bäume da unten müssen Korkeichen sein.

Foto: Cordes

→ Cabo de São Vicente, der südwestlichste Punkt Europas.

Vor mir liegt die Costa Vicentina, der „wilde Westen der Algarve", wie der Reiseführer sagt. Ich kann das nur bestätigen, einfach nur toll, was ich zu sehen bekomme. Als ich die Küste erreiche, drehe ich nach Süden ab und folge dem Ufer. Nach kurzer Zeit erreiche ich zuerst das Cabo de São Vicente und dann den Ponta de Sagres.

Schon von weitem sehe ich den weißen Leuchtturm auf dem Cabo, dessen Licht über 60 Kilometer weit auf den Atlantik hinaus strahlen soll. Damit ist er angeblich der lichtstärkste Leuchtturm Europas. Die Römer haben diesen Ort „promontorium sacrum" (heiliges Vorgebirge) genannt. Für sie war es ein magischer Ort am Ende der Welt, an dem die Götter wohnen und die Sonne im Meer versinkt.

Die Ponta de Sagres ist eine etwa einen Kilometer lange und 300 m breite Klippe, auf der sich eine Festung befindet, die Fortaleza de Sagres, ein portugiesisches Nationaldenkmal. Ich wundere mich und versuche herauszufinden, welcher der beiden Orte nun der südwestlichste Zipfel Europas ist. Das gelingt mir aber nicht, und auch die Fachleute sind sich offenbar nicht einig. Das Cabo liegt weiter westlich, der Ponta weiter südlich. Ist mir aber auch egal, so schön, wie das von hier oben aussieht.

Es geht weiter an der Algarve Küste entlang nach Osten. Die Küstenlandschaft sieht toll aus. Lagos (Lagosch), und nicht Lagos (Läjgos, in Nigeria) zieht vorbei, voraus liegt die Kontrollzone von Faro, die ich südlich umfliege. Von Faro aus hatte ich mal einen Flug nach Frankfurt mit einem Air-

Foto: Cordes

→ Die Algarve-Küste.

bus A321, und weil wir auf dem Weg nach Frankfurt viel Rückenwind zu erwarten hatten, hatte ich mit der Flugsicherung ausgemacht, ein Stück entlang der Algarve-Küste nach Westen in 500 m Höhe zu fliegen, um meinen Gästen etwas zu bieten. Kam auch ganz toll an, genauso wie der Kreis über dem hell erleuchteten Paris bei voll abgedunkelter Kabine. Das kam sogar so gut an, dass einige Passagiere an die Lufthansa geschrieben und sich bedankt haben. „COOOOORDES!“ Kaffee ohne Kekse. Egal, lange her, und schön war's doch!

Meinem Weiterflug nach Gibraltar liegen einige spanische Beschränkungsgebiete im Weg, und ich frage den portugiesischen Lotsen der Anflugkontrolle in Faro, ob ich da heute durchfliegen könne, was er ausdrücklich bejaht. Als ich etwa 20 Minuten später den spanischen Fluginformationsdienst erreiche, und die Lotsin mich auf ihrem Radarschirm entdeckt, heißt es sofort „UMDREHEN!“ Die Beschränkungsgebiete sind doch aktiv! Weswegen habe ich eigentlich gefragt???

Nun muss ich umplanen, und das ist nicht so einfach über zwei Karten hinweg, von denen eine neu gefaltet werden muss, denn auf das Mäusekino allein will ich mich nicht verlassen. Am Ende stelle ich fest, dass ich so weite Umwege fliegen müsste, dass der Sprit nicht bis zu meinem Ziel reichen würde. Schweren Herzens gebe ich meinen Plan, den Felsen von Gibraltar zu umrunden auf und teile der Lotsin mit, dass ich meinen Flugplan ändere und direkt zum Ziel fliegen werde. Daraufhin fragt sie nach dem Grund für die Flugplanänderung, und da ich das Wort Kraftstoff bei den herausragenden englischen Sprachkenntnissen der südeuropäischen Lotsen unbedingt vermeiden möchte (wer weiß denn, was die daraus machen) sage ich nur „pilot's decision“. Und wieder einmal komme ich aus dem Staunen nicht heraus. „That is no acceptable reason!“ (Das sei kein akzeptabler Grund) „Madam, that is the only acceptable reason, in uncontrolled airspace I decide, where I fly to!“ (Werte Dame, das ist der einzige akzeptable Grund, in unkontrolliertem Luftraum entscheide ich, wohin ich fliege) Sie insistiert und fragt weiter. Lunte abgebrannt. „Ma'm, I just need to p...!“ Ende der Diskussion.

→ Nördlich von Malaga.

Ich fliege weiter ostwärts zwischen Jerez und Sevilla hindurch und muss aufpassen, nicht in einen der zahlreichen für mich gesperrten Lufträume einzufliegen. Die Provinz, die ich gerade überfliege, ist Andalusien, die südlichste der 17 spanischen, autonomen Gemeinschaften mit der Hauptstadt Sevilla. In Sevilla war ich 1992 mit der Ju 52 anlässlich der Expo 92, die anlässlich des 500. Jubiläums der Entdeckung Amerikas das Thema „Zeitalter der Entdeckungen“ hatte. Ich kann mich noch gut daran erinnern, wie heiß es in der Ju war, und wie schön die Stadt selbst war. Die Altstadt ist die größte Spaniens und nach denen von Venedig und Genua angeblich die drittgrößte Europas. Sie liegt am Fluss Guadalquivir in einer Tiefebene, die sich nur wenige Meter über den Meeresspiegel erhebt. Der Fluss ist bis zum Hafen von Sevilla 80 km stromaufwärts sogar für Seeschiffe schiffbar. Der Jahreszeit entsprechend liegen die Temperaturen auch heute wieder bei etwa 40° C. Mein Ölkühler ist aber anlässlich der Inspektion gereinigt worden, was sich durch etwas niedrigere Öltemperaturen bemerkbar macht. Dann erhebt sich vor mir die Sierra de Grazalema, die zum Andaluischen Faltengebirge gehört. Ihr höchster Gipfel ist der Berg Torreon mit 1654 m Höhe über dem Meeresspiegel. Für Luftmassen, die vom Atlantik hereinströmen, ist dieser Höhenzug das erste Hindernis, das die Luft zum Aufsteigen zwingt, und da sie vom Ozean viel Feuchtigkeit mitbringt, ist dies die regenreichste

↑ Der Flugplatz liegt direkt am Fluss (hinter dem Querruder).

Gegend Spaniens. Heute aber Gott sei Dank nicht. Aber dass es für Südspanien ungewöhnlich grün ist, fällt auf. Ich kann wieder viele thermische Aufwinde nutzen, um die notwendige Höhe zum Überfliegen der Berge zu erreichen, ohne mein Motoröl zu kochen. Den „Anflugkorridor“ von Malaga umfliege ich im Norden, muss noch einem Beschränkungsgebiet ausweichen, und dann geht es im allmählichen Sinkflug der Küste entgegen.

Dabei überfliege ich meinen Zielflugplatz und habe Gelegenheit, ihn mir von oben anzusehen. Der dort beheimatete Fliegerclub, der Königliche Aeroclub von Malaga, hat eine Anflugkarte ins Netz gestellt, an deren Vorgaben ich mich einfach halte, auch wenn sie wahrscheinlich nicht bindend sind. Danach beginnt der Anflug bei Torre del Mar und folgt dem Fluss direkt bis in den rechten Gegenanflug der Piste 12.

Nach der Landung rolle ich zum Vorfeld und gehe in das Büro der dort ansässigen Flugschule, um zu erfahren, wo ich meinen Flieger über Nacht parken kann. Man weist mir einen Platz zu, und ich mache mich an die üblichen „post flight activities“. Da ich für die paar Meter zur Abstellposition nicht noch einmal den Motor starten will, schiebe ich meinen Flieger, was mir aber bei leichter Steigung und trotz Küstennähe immer noch etwa 40° C nicht ganz leicht fällt. Die piekfein uniformierten Flugschüler blicken nur kurz und gelangweilt von ihrem Daddelkasten auf und lassen den alten Mann schwitzen. Diese vornehmen, jungen Herren, die hier offenbar Papas Geld verfliegen, interessieren sich auch nicht die Bohne für mein Flugzeug. Nach meinem (Vor-)urteil werden das keine Flieger, sondern Knöpfedrücker. Als ich zwei von ihnen später frage, auf welches Ziel sie denn hinarbeiten, antworten sie, gerade als wäre ich bekloppt, dass sie Airlinepilots werden. Na, die arme Airline, die solchen Nachwuchs bekommt. Alles auswendig gelernt, aber nichts verstanden. So sieht wohl die Zukunft der Airlineindustrie aus. Ich habe nicht wenig Lust, meine A380 Lizenz auf den Tisch zu legen, und ihnen meine Meinung zu ihrem Benehmen zu geigen, aber wozu? Uniformen spielen in Südeuropa offenbar eine sehr wichtige Rolle. Sie tragen alle dunkelblaue Hosen, ein weißes Hemd mit Krawatte und Epauletten mit einem dicken, goldenen Streifen. Die Fluglehrer tragen sogar zwei. Ich kombiniere: Flugschüler einen, Fluglehrer zwei, Erste Offiziere drei und Commandantes vier – so einfach ist die Welt. Wäre ich nach dieser Logik mit meiner Musterberechtigung für den A380 richtig angezogen, würde ich unter der Last des Goldes auf meinen Schultern wahrscheinlich zusammenbrechen. Geschenkt!

Am Flugplatz gibt es wieder nur AvGas, und das möchte ich meinem Motor, wann immer möglich, ersparen. Ich bringe in Erfahrung, dass die nächste Tankstelle nur ein paar hundert Meter weit entfernt ist und mache einen Taxifahrer glücklich, weil wir viermal mit meinen Kanistern dorthin fahren und jedes Mal 30 Liter Superbenzin zurück zum Flugplatz karren. Als alles erledigt, der Flieger zugedeckt und verzurrt ist, lasse ich mich noch die Unterkunft bringen. Sie liegt nur wenige hundert Meter entfernt. Es ist eine kleine Privatpension mit einem schönen Garten. Die Wirtin ist überaus freundlich und serviert mir ein leckeres, landestypisches Abendessen. Ich gehe meinen üblichen Nacharbeiten und Vorbereitungen nach, stecke mir noch eine kräftige Zigarre an, und lasse den Abend allmählich ausklingen. Eigentlich sollte ich mir die Gegend näher angucken, aber dazu bleibt auf dieser Reise wenig Zeit. Der Weg ist das Ziel, und die Leistungsfähigkeit des Flugzeuges soll unter Beweis gestellt werden. Und ohne meine Frau macht Sightseeing auch nur halb so viel Spaß.

↑ Abendessen mit Navigationskarten und allem, was man sonst noch so braucht.

Tag 32 Montag, 07. Juli

La Axarqua LEAX-LEMU **Muchamiel**		
09:47 - 12:52 Uhr	03:05 h	**90:15 h**
Muchamiel LEMU-LESB **Son Bonet**		
13:33 - 15:51 Uhr	02:18 h	**92:33 h**

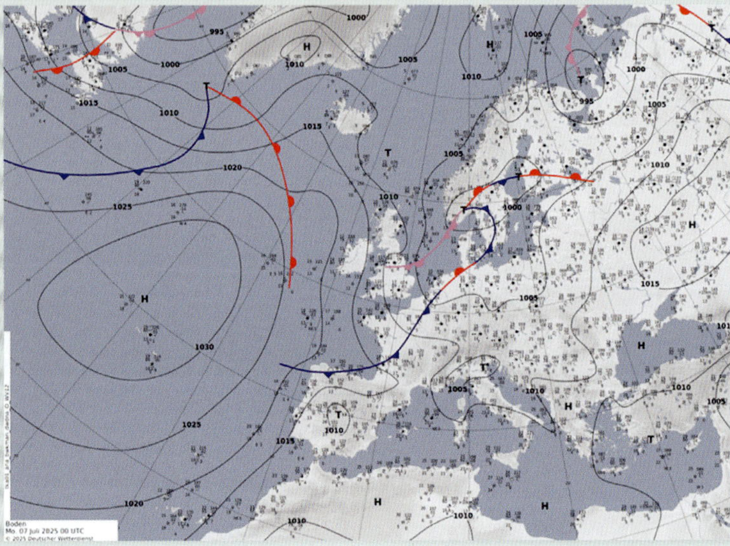

Wetterlage:
Unverändert gut.

Der Wettergott bleibt mir gewogen. Der Mittelmeerraum liegt weiterhin unter anhaltendem Hochdruckeinfluss. Das schlechte Wetter ist jetzt da, wo ich ein paar Tage zuvor gewesen bin.

Die Wirtin bringt mich zum Flugplatz, und ich beginne meinen eingespielten Ablauf. Der beginnt mit der Außenkontrolle des Flugzeuges, dem gründlichen Blick unter die Motorverkleidung und dem sorgsamen Verstauen meines Gepäcks. Ich lege mir die Navigationskarten so zurecht, wie ich sie später brauche, schon vorgefaltet, denn das Umfalten im Fluge ist immer ein Riesenakt, den ich gerne vermeide. Mein Ziel heute ist Son Bonnet, der „kleine Flugplatz“ von Mallorca. Auf dem großen darf und will ich nicht landen. Von der Reichweite her wäre es kein Problem, nonstop dahin zu fliegen, aber wenn das Ziel am Ende einer großen Überwasserstrecke liegt, tanke ich gerne vorher nochmal, um mir „Zeit zu kaufen“. Die Rettungsinsel kommt wieder griffbereit oben auf den Gepäcksack, den Überlebensanzug ziehe ich aber nicht an. Ich mag mir gar nicht vorstellen, wie das Innenklima bei 40 Grad Außentemperatur ist. Die Wassertemperaturen des Mittelmeers sollen bei etwa 25° C liegen, das kann man schon eine Weile aushalten, wenn es denn sein muss. Über meinen dunkelblauen Junkers-Overall ziehe ich aber die gelbe Warnweste an, denn weder der Overall noch die dunkelblaue Schwimmweste bilden einen scharfen Kontrast zum blauen Meer. Wenn ich doch gefunden werden muss, geht das so sicher viel schneller.

Nach dem Start auf der Piste 12 geht es wieder am Fluss entlang zur Küste und dann immer am Strand entlang nach Osten Richtung Almeria. Auf die „Betreuung“ durch den spanischen Fluginformationsdienst verzichte ich jetzt. Ich bitte den diensthabenden Fluglehrer der Flugschule, meinen Flugplan telefonisch zu aktivierten, setze

meinen Transponder in der Luft auf den Code für VFR-Flüge und raste nur die Notfrequenz, auf der eine wunderbare Ruhe herrscht. Wenn ich doch plötzlich Hilfe brauche, setze ich da einen Notruf ab. Die Airliner über mir hören da alle permanent hinein.

Ein Badeort folgt auf den anderen, und nicht alle sind schön. Das sind die Spuren des Baubooms, der in den siebziger Jahren eingesetzt hatte, als wohl vorrangig Deutsche und Engländer die Region für sich entdeckten. Weit im Norden sind die Berge der Sierra Nevada zu erkennen, stellenweise liegt tiefer Stratus über der Küste, den ich aber mit der mir erlaubten Höhe leicht überfliegen kann, ohne die Sicht nach unten zu verlieren. An manchen Orten sind riesige Felder weiß abgedeckt, hier wächst wohl das Gemüse für die Supermärkte Europas.

Kurz hinter Almeria macht die Küste einen Bogen von fast 90 Grad, und es geht weiter Richtung Cartagena und Alicante. An einigen Stellen darf ich nur 1000 ft (300 m) hoch fliegen. Hier merke ich, wieviel Vertrauen ich inzwischen in meinen Motor gewonnen habe. Um das Rettungsgerät auszulösen, brauche ich eine Mindesthöhe von 500 ft (150 m). Darauf habe ich meinen Drill ausge-

↑ Flug entlang der Küste in Richtung Almeria.

↑ Hier wächst das Gemüse für Europa.

legt. Wenn Motoren im Fluge stehen bleiben, gibt es dafür drei mögliche Ursachen. Es kann ein mechanischer Schaden an Motor und Propeller eingetreten sein, der sofort als solcher zu erkennen ist. Da kann man eh nichts mehr machen, dann muss man sofort an den Boden oder ins Wasser. Oder aber die Zündung arbeitet nicht mehr. Mein Rotax hat zwei voneinander unabhängige Zündkreise, und dass die beide gleichzeitig ausfallen, ist ausgesprochen unwahrscheinlich. Man fliegt ja auch schon lange mit zwei Motoren über den Ozean. Die dritte Möglichkeit ist Brennstoffmangel. Dass der nicht eintritt, habe ich selbst in der Hand. Und das Flugzeug verfügt über zwei Tanks. Fließt aus dem einen nichts mehr, weil vielleicht die Leitung verstopft ist, kann ich auf den anderen Tank umschalten. Es gibt nur einen Umstand, der unbedingt zu beachten ist. Wenn der Motor steht, weil der Propeller sich im Fahrtwind nicht mehr dreht, liefern auch die beiden Generatoren keinen Strom mehr für die Zündboxen und den Anlasser. Dann muss man sehr flink den Batterieschalter für die Zündboxen und den Anlasser einschalten. Wenn der Motor dann nach dem Druck auf den Starter nicht mehr anspringt, ist die Wurst gepellt. Dann geht nichts mehr, dann muss man zu den Kühen oder zu den Fischen. Die notwendigen Handgriffe sind in wenigen Sekunden abgearbeitet. Reduzieren der Geschwindigkeit, Auslösen des Rettungsgerätes und Einschalten des ELT, des Emergency Locator Transmitters. Noch bevor ich unten bin, wissen die Such- und Rettungsdienste, wo ich gerade bin. Wenn die Zeit dann noch reicht, kann ich noch einen Notruf absetzen, und dann ist alles getan, was getan werden kann.

Ich erreiche mein Ziel, den Flugplatz Muchamiel, etwa 20 km nördlich von Alicante bei bestem Wetter und bester Stimmung nach gut drei Stun-

Foto: Cordes

←↓ Die Costa Blanca.

Foto: Cordes

Foto: Cordes

→ Ambulanter Sonnenschutz für die Nase.

↓ Ein schwimmender Wegweiser.

Foto: Cordes

den Flugzeit, und der junge Flugplatzchef oder welche Funktion der junge Mann auch immer haben mag, ist ganz anders drauf als die jungen Herren in La Axarqua und sehr an meinem Flugzeug interessiert. Ich kippe die 30 Liter Benzin aus meinen Kanistern in die Tanks, verschnaufe ein wenig und fliege dann weiter. Die Startmeldung erfolgt wieder vom Boden aus per Telefon, und es geht weiter nach Malle. Ich passiere Benidorm und schüttele den Kopf. Wie kann man denn da Urlaub machen? Der Ort sieht aus der Luft potthässlich aus, und sicher gibt es da auch einen örtlichen Ballermann. Am Cap de la Nau verlasse ich die Costa Blanca und das spanische Festland mit Kurs Ibiza. Die Luftraumstruktur erlaubt mir jetzt eine Flughöhe von 3500 ft, ich bleibe aber in 2000 ft, wo die Temperaturen sehr angenehm sind.

Irgendwann bemerke ich, dass meine Nase irgendwie kratzt, und nach einem Selfie mit dem Handy weiß ich auch warum. Sie ist seit Tagen sehr prominent der prallen Sonne ausgesetzt und beginnt sich schon langsam zu schälen. Mir bleibt nur die ambulante Lösung, mir einen Putzlappen irgendwie unter die Sonnenbrille zu klemmen. Riecht nicht gut, aber frische Luft hatte ich in den letzten vier Wochen genug. Und es sieht echt blöd aus, aber das ist jetzt völlig egal.

Auf dem Wasser sind einige Frachter und Segelboote unterwegs. Um einen Segler fliege ich einen Vollkreis und grüße durch Wackeln mit den Flügeln. Keine Ahnung, ob die das sehen, aber wenn, dann freuen sie sich bestimmt. Meine Flagge dippen, so wie das unter Seeleuten alter Brauch ist, kann ich hier oben nicht. Später kommt mir auch eine Fähre entgegen, auf der groß der Reedereiname steht: Balearia, jo, hier bin ich richtig!

Ich fliege nordwestlich der Grenze zur TMA (Terminal Control Area), deren Untergrenze hier

Foto: Cordes

Foto: Cordes

weit von der Landebahn entfernt bis 1000 ft, bzw. 2500 ft nach unten reicht, und in die ich mit meinem „Nichtflugzeug“ nicht einfliegen darf. Wenn ich dazu komme, werde ich als Präsident des größten europäischen Aeroclubs nach meiner Rückkehr diesen Blödsinn thematisieren und „Europe Airsports“ darauf ansetzen. Das braucht niemand, und da lasse ich nicht mit mir diskutieren. Ich bin ein Berufsleben lang große und sehr große Verkehrsflugzeuge geflogen und weiß sehr genau, wovon ich rede!

Mallorca kommt in Sicht und nahe der vorgelagerten Insel Sa Dragonera erreiche ich bei Andratx die Insel. Um von der Kontrollzone des Verkehrsflughafens frei zu bleiben, muss ich mich im Tiefflug zwischen Hügelketten durchmogeln. Wieder derselbe Irrsinn, die einmotorigen werden ge-

↑ Die Nordküste von Ibiza.

→ Navigation wie im Airbus-Cockpit.

Foto: Cordes

→ Palma de Mallorca.

↓ Hafen und Kathedrale von Palma.

Foto: Prinzing

zwungen, an einer Stelle sehr tief über Grund zu fliegen, an der niemals ein Verkehrsflugzeug fliegen wird. Der Flugplatz Son Bonet, der genau an der Grenze der Kontrollzone liegt, ist leicht auszumachen, und nach 2 Stunden und zwanzig Minuten Flugzeit setze ich auf Mallorca auf. Nachdem das Flugzeug erstversorgt ist, verlasse ich den Flugplatz, um meine Frau und Erna, unser Zwergdackelmädchen in die Arme zu schließen und zu begrüßen. Erna braucht eine Sekunde, bis sie begreift, dass Herrchen wieder da ist, und kann sich dann vor Freude kaum noch bändigen.

Philipp ist auch eingetroffen, denn am nächsten Tag soll wieder ein Fotoflug stattfinden. Es ist noch etwas Papierkram zu erledigen, denn aufgrund irgendeines Gesetzes muss ich einem Polizisten meine Legitimation vorlegen. Das hat angeblich damit zu tun, dass der spanische König wohl auch Son Bonet nutzt, wenn er zum Segeln auf die Insel reist. Bei der Gelegenheit kläre ich

↓ Landung in Son Bonet.

Foto: Prinzing

Foto: Prinzing

↑ Die Zeremonie.

→ Das Empfangsgebäude von Son Bonet.

Foto: Prinzing

Foto: Prinzing

gleich, dass ich am nächsten Tag mit meinen gefüllten Benzinkanistern auf den Flugplatz darf. Der Rest des Tages findet „en famille“ statt. Meine Familie hat seit 30 Jahren im Nordosten der Insel ihre „Datsche“.

Auf dem Weg dahin klingelt mein Telefon, und mein ehemaliger A380-Flottenchef ist am anderen Ende. Er ist auch auf der Insel, er ist sogar extra angereist, um mich hier zu begrüßen und hat mich am Flugplatz knapp verpasst. Wir laden ihn zu uns auf die Finca ein und verleben einen schönen Abend auf der Terrasse. Er hat mit einen der seltenen A380-Lufthansa-Aufkleber mitgebracht, der auch meine Motorhaube zieren soll. Ich erzähle von meiner Reise, und wir reden von den „guten alten Zeiten“.

Foto: Prinzing

→↑ Wiedersehen mit Erna nach vier Wochen.

→ Der A380-Aufkleber wird unter dem strengen Blick meines Flottenchefs angepappt.

↓ Mallorquinische Impressionen.

Foto: Prinzing

Tag 33 Dienstag, 08. Juli

Son Bonet LESB-LESB **Son Bonet**

12:47 - 13:45 Uhr | 00:58 h | **93:31 h**

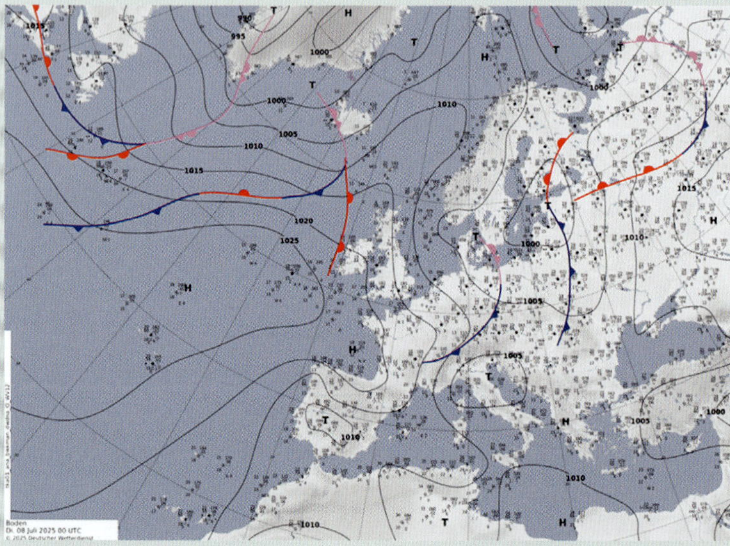

Wetterlage:
Das westliche Mittelmeer unter Hochdruckeinfluss.

Foto: Prinzing

Auch wenn die Wetterkarte es nicht unbedingt erwarten lässt, das Wetter ist enttäuschend. Relativ niedrige Stratusbewölkung verdeckt die Sonne, und der Flug an der Westseite der Tramuntana, des Höhenzuges am Westrand der Insel, muss ausfallen.

Wir kreisen deswegen über der Bucht von Alcudia und Philipp fotografiert aus einer Piper PA 18, die sich dafür hervorragend eignet. Inzwischen sind wir richtig gut eingespielt, und er dirigiert mich ausschließlich mit Handzeichen in die richtige „Schussposition". Nach der Mission mache ich noch einen Besuch bei meiner Frau und Erna und fliege dann nach Son Bonnet zurück. Dort klebe ich dann zusammen mit meinem ehemaligen Chef den A380-Aufkleber zu den schon vorhandenen Länderaufklebern an die Motorverkleidung.

Abends sind wir bei Familie Junkers eingeladen. Auf dem Weg dahin verzweifle ich an meinen Navigationskünsten, aber irgendwann kommen wir doch noch an. Ich habe Bernd Junkers am 6. März 1990 kennen gelernt, als wir mit der Ju 52 zum ersten Mal in Dessau gelandet sind. Jahre später waren wir zusammen in Australien, um dort den „Australischen Junior" zu kaufen, den uns aber jemand vor der Nase weggeschnappt hatte. Eine Reise um die halbe Welt für nichts! Aber jetzt bin ich ja mit meinem Junior hier.

← Unerwartet schlechtes Wetter für einen Fotoflug.

→ Über der Bucht von Alcudia

→ Gruß – Meldung – Gruß!

D-MQUI
JUNKERS

QUI
JUNKERS

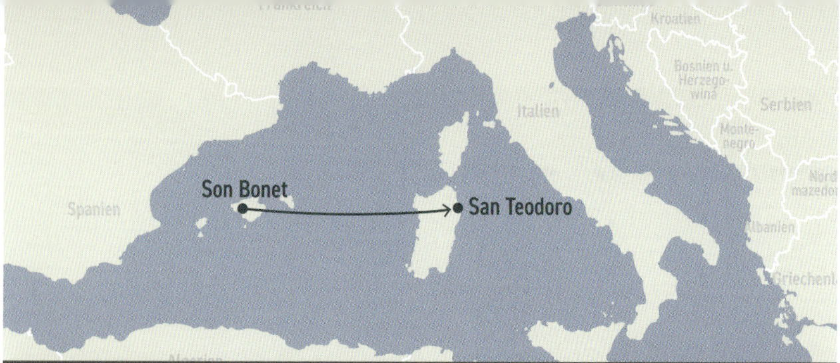

Tag 34 Mittwoch, 09. Juli

Son Bonet LESB-ZZZZ **San Teodoro**

12:11-17:05 Uhr 04:54 h **98:25 h**

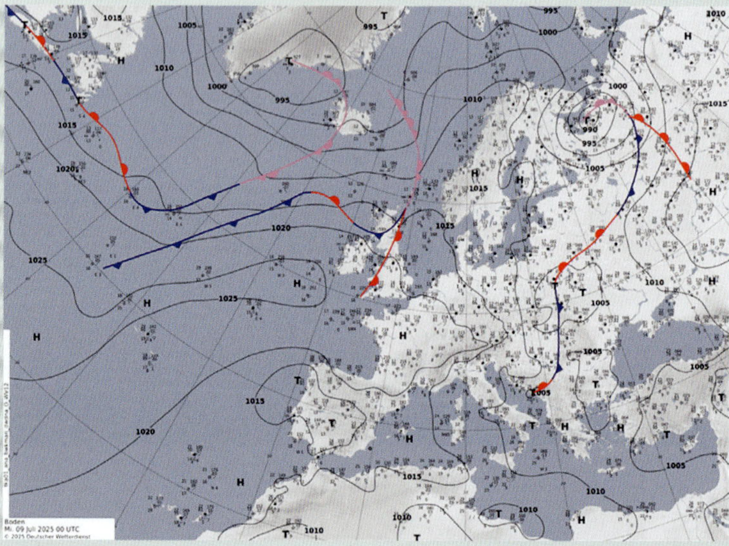

Wetterlage:

Unverändert und bestens.
Mallorca liegt im Zentrum eines Hochdruckgebietes, bestes Flugwetter über dem westlichen Mittelmeer.

Wieder steht eine lange Überwasserstrecke nach San Teodore auf Sizilien an . Nach de Start führt der Flugweg südöstlich der Tramuntana in Richtung Nordost. Ich passiere das Funkfeuer „Pollensa“ und verlasse Mallorca dann unweit des Cap Formentor, dem nördlichsten Punkt der Insel. Menorca ist bald zu sehen, und über dem Hafen von Ciutadella de Menorca erreiche ich die dritte der Baleareninseln.

Menorca (die kleine) sieht ganz anders aus als Mallorca (die große). Die höchste Erhebung, der Monte Toro mitten auf der Insel ist gerade einmal 357 m hoch. Ich folge der felsigen Nordküste mit ihren kleinen fjordähnlichen Buchten und verabschiede mich vom sehr freundlichen Turmlotsen des Inselflughafens mit Angabe der erwarteten Ankunftszeit für meinen Zielflugplatz. Dann geht es wieder einfach geradeaus übers Wasser.

Ich fliege vor mich hin, diesmal mit einem besseren Sonnenschutz für meine Nase, und sinniere. Was für ein schönes Flugzeug habe ich unter dem Hintern. Es war mir wirklich nicht leichtgefallen, mich von meinem Stieglitz zu trennen, der mich 20 Jahre meines Fliegerlebens begleitet hat, und der so wunderbar fliegt. Aber am Ende war die Entscheidung richtig. Mit dem Siemens Sternmotor hätte ich mich niemals auf diese Reise getraut, und die notwendige Reichweite für die meisten Streckenabschnitte hätte ich auch nicht gehabt. Nein, alles ist gut, und ich lausche meinem Rotax, der mit ungefähr 5000 Umdrehungen pro Minute vor sich hin schnurrt. Verglichen mit „richtigen Flugmotoren“ ist das eine sehr hohe Drehzahl. Flugmotoren sind großvolumig und drehen langsam. Den 7 Zylinder-Siemens Halske Sh14 des Stieglitz bin ich im Reiseflug mit 1750 – 1800 Umdrehungen pro Minute geflogen, die 9 Zylinder-Pratt & Whitney-Sternmotoren der

← Die Küste von Menorca.

↓ Abschied von Mallorca am Cap Formentor.

Foto: Cordes

↑ Mitten über dem Wasser …

Ju 52 machten ebenfalls 1800 Umdrehungen, die Curtiss Wrights der Connie 2200 bis 2400 und die unzähligen Continental- und Lycoming-Motoren der Welt etwa 2300 im Reiseflug. Der Grund dafür sind die zulässigen Propellerdrehzahlen, denn die Blattspitzen der Propeller müssen mit ihrer Umfangsgeschwindigkeit deutlich unter der Schallgeschwindigkeit bleiben, sonst nimmt der Wirkungsgrad der Blätter erheblich ab und der Lärm erheblich zu. Deswegen werde viele Luftschrauben mit großen Durchmessern über ein Untersetzungsgetriebe angetrieben. Die Propeller der Connie hatten einen Durchmesser von 5,13 m, und damit legen die Blattspitzen bei einer Umdrehung 16,11 m zurück. Die Schallgeschwindigkeit bei 15° C (Lufttemperatur der Normatmosphäre in Normalnull) liegt bei 340 Meter pro Sekunde und würde bei einer Propellerdrehzahl von 1266 min^{-1} erreicht. Tatsächlich wurden bei der Connie im Reiseflug aber nur etwa 750 Umdrehungen und damit ein Wirkungsgrad von etwa 85 % erreicht. Größere und langsamer drehende Propeller haben nämlich einen höheren Wirkungsgrad als kleine, schnelldrehende. Mein fester Holzpropeller am Junior mit seinen 1,82 m Durchmesser dreht auch deutlich langsamer als der vorher installierte, kleine Gleichdrehzahlpropeller. Ein Gleichdrehzahlpropeller ist ein Propeller, dessen Blattsteigung automatisch so geregelt wird, dass die Drehzahl im Normallastbereich immer gleich groß bleibt. Das kann man sich wie ein stufenloses Getriebe im Auto vorstellen. Wenn die Last zunimmt, und die Drehzahl abnehmen würde, wird automatisch und stufenlos „runtergeschaltet“. Wenn man das mit nur einem Bedienhebel erreichen will, braucht man einen elektronischen Regler und ei-

Foto: Cordes

→ … ist alles bestens. Nur die Nase hat zu viel Sonne bekommen.

nen Verstellmechanismus. Der Wirkungsgrad wird natürlich besser, wenn die Blattstellung zur Last und zur Fluggeschwindigkeit passt, aber dasselbe kann man auch erreichen, wenn man einen größeren Propeller wählt, der langsamer dreht. Und die Rechnung geht beim Junior auf. Der Holzpropeller sieht besser aus, hört sich besser an und kommt ohne den komplizierten Regelaufwand aus. „In der Not bewährt sich das Einfache“, hat mein Vater, Ingenieur durch und durch, immer gepredigt.

Schon von weitem ist die Insel zu erahnen. Wenn man über See irgendwo Wolken aufsteigen sieht, liegt meist Land unter den Wolken. Südlich von Alghero etwa beim Cap Marargia erreiche ich Sardinien. Sardinien ist nach Sizilien die zweitgrößte Mittelmeerinsel und misst von Nord nach Süd etwa 270, von Ost nach West ungefähr 150 km. Die höchste Erhebung mit 1834 m ist der Punta la Marmora, der ungefähr in der Mitte der Insel liegt. Übers Wasser sind es nur wenige Kilometer bis zum französischen Korsika. Von der Südspitze nach Tunesien beträgt die Entfernung etwas weniger als 200 km. Sardinien lebt hauptsächlich vom Fremdenverkehr, was dem Klima und der schönen Landschaft zuzuschreiben ist. Schon die Namen der bekannten Küstenabschnitte machen Lust auf Urlaub. Costa Rei, Costa Verde, Costa Paradiso und Costa Smeralda klingen verlockend.

Ich habe mich bei der Reiseplanung für den kleinen Flugplatz San Teodoro entschieden, der schon auf den Bildern wunderbar aussieht, und ich freue mich auf die Ankunft. Als ich mich dem Flugplatz und der Ostküste nähere, suche ich südlich von der Kontrollzone von Olbia einen Weg über die Berge, aber wieder sind die Untergrenzen des kontrollierten Luftraumes so niedrig, dass mir der Abstand zum Boden über den Bergen nicht ausreicht. Einen ersten Anlauf, durch ein Tal zur Küste zu fliegen gebe ich auf, weil mir das alles nicht geheuer ist. Dabei habe ich die Frequenz von Olbia Tower gerastet, höre aber nur rein und melde mich nicht – muss ich auch nicht. Ich habe keine Lust auf die Verständigungspro-

↓ Sardinien ist erreicht.

Foto: Cordes

↑ Anflug auf San Teodoro.

bleme, und solange ich außerhalb des kontrollierten Luftraumes bleibe, ist das eigentlich kein Problem – eigentlich. Als ich am südlichen Rand der Kontrollzone wieder ein Stück zurückfliege – AUSSERHALB! – höre ich, wie der Turmlotse einen Lufthansaflug zum Durchstarten anweist, weil er (der Lotse) unbekannten Verkehr auf seinem Radar in der Nähe der Kontrollzone sieht. Nun melde ich mich doch und rufe die ehemaligen Kollegen zuerst auf deutsch und sage ihnen, dass ich sehr tief und außerhalb der Kontrollzone fliege, es mithin keinen Grund zur Panik gäbe, die der Lotse gerade verbreitet. Aber sie haben das Manöver schon begonnen. Und dann ergießt sich ein Wortschwall in miesem Englisch über mich, der mich unter anderem anweist, sofort einen bestimmten Kurs zu fliegen, der mich geradewegs gegen den nächsten Berg geführt hätte. Es ist also mal wieder an der Zeit, Klartext zu sprechen. Für die Leserinnen und Leser, die sich da nicht so auskennen: die unterste Luftraumklasse G (Golf) gehört zum unkontrollierten Luftraum, und damit ist eigentlich schon alles gesagt. Flugsicherung bietet in „G" nur Fluginformationsdienst an und ist nicht befugt, Höhen- oder Kursanweisungen zu geben. Was der Lotse mir da sagt, hätte er auch der Wand hinter ihm erzählen können, es ist für einen Piloten im Luftraum G in keiner Weise bindend. Derartig mit einem aufmüpfigen Piloten konfrontiert, bleibt ihm nur noch das berühmte „You call me after landing!" (Rufen Sie mich nach der Landung an!) Einen Teufel werde ich tun, aber meine Telefonnummer steht ja im Flugplan, dann kann er mich ja anrufen, wenn ihm danach ist. Das macht er tatsächlich und fängt sich einen zweiten, noch heftigeren Anpfiff ein. Auf seine Drohung hin, er würde einen violation report (eine Verstoßmeldung) abfassen, antworte ich ihm nur „Go ahead, but await consequences for Yourselves!“, frei übersetzt, „überlege Dir das besser nochmal“.

An dieser Stelle möchte ich erwähnen, dass ich mich mit diesen Heldengeschichten der Flugsicherung gegenüber keinesfalls aufspielen will, aber Fliegerinnen und Flieger wissen, dass Verstöße von Piloten sehr schnell und hart bestraft werden, die Ordnungs- oder Bußgelder erreichen sehr schnell hohe vierstellige oder gar fünfstellige Beträge. Das mag gerechtfertigt sein, aber wenn das Befolgen von Regeln so wichtig ist, muss das in beide Richtungen gelten. Insbesondere viele „Hobbypiloten“ lassen sich schnell von Fluglotsen oder Leuten, die sich für Fluglotsen halten, einschüchtern und führen deren Anweisungen aus, was durchaus schon zu Vor- und Unfällen geführt hat. Man kann die Situation in der Luft vom Boden aus nicht immer richtig einschätzen, schon gar nicht, wenn man selbst nicht fliegt. Und jeder Pilot und jedes Flugzeug hat individuelle Leistungsgrenzen.

Der Fehler lag und liegt z. T. auch im System. In Deutschland gab es bis vor einiger Zeit noch den Begriff des Flugleiters. Wer glaubt, dass die Flugleiter Flüge zu leiten hatten, der glaubt auch, dass Zitronenfalter Zitronen falten.

Der Kamerad in Olbia kennt jedenfalls sein kleines Einmaleins nicht und sollte von seinen Aufgaben entbunden werden. Es geht mir nicht darum, Recht zu haben, sondern dass im Sinne der Flugsicherheit korrekt gearbeitet wird.

Ich hole etwas weiter nach Süden aus und erreiche kurz darauf die Costa Smeralda. Die Küste sieht fast aus wie in der Karibik, ein Traum. Der kleine Flugplatz ist leicht zu finden, obwohl die Grasbahn wegen der schon länger anhaltenden Trockenheit nicht wirklich grasgrün ist. Ich

Foto: Cordes

↑ Abstellplatz in San Teodoro.

rolle zum Hangar, und der Flugplatzbetreiber und -besitzer und seine Frau empfangen mich auf das Allerfreundlichste. Das Flugzeug bekommt einen schönen Platz neben der Halle und Benzin, und ich einen doppelten Espresso. Auf den Lotsen in Olbia angesprochen verdreht mein Gastgeber nur die Augen und sagt „Don't talk to these people!“ Nein, er hat nicht „people“ gesagt, sondern ein Schimpfwort benutzt, dass ich hier nicht wiedergeben mag. „Stay in airspace G and don't talk to anyone!“ Das spricht Bände.

Aber was soll's. ich bin an einem wunderschönen Flecken Erde angekommen, sitze auf dem kleinen Flugplatz am Wasser und habe es überhaupt nicht eilig, mich ins Hotel fahren zu lassen. Zeit für eine Zigarre, ein paar Telefonate in die Heimat und einen ausgiebigen Blick auf die Karten als Vorbereitung für den nächsten Streckenabschnitt.

Tag 35 Donnerstag, 10. Juli

San Teodoro ZZZZ-ZZZZ San Teodoro

11:34 - 13:12 Uhr 01:38 h **100:03 h**

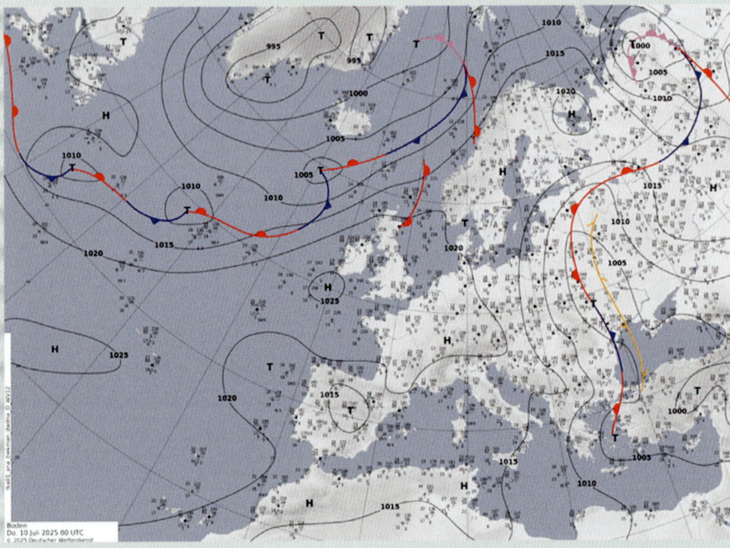

Wetterlage:
Hochdruck, völlig problemloses Flugwetter.

Heute soll es nach Syrakusa auf Sizilien gehen. Ich hatte gestern noch mit dem Präsidenten des ansässigen Aeroclubs telefoniert, der mir bei bestimmten Windrichtungen zur Vorsicht geraten hatte, und die sind heute nicht auszuschließen. Es gibt im Umfeld meines Zieles aber genug andere, kleine Flugplätze, falls eine Landung in Syrakusa schwierig oder nicht ratsam sein würde.

Auf dem Weg dahin zwischen Sardinien und Sizilien gibt es mehrere Flugbeschränkungsgebiete, die offenbar militärisch genutzt werden. Und in Italien ist es nicht so leicht, herauszufinden, wann diese Gebiete für den Durchflug gesperrt sind. Ruft man beim Flugberatungsdienst an, wird man auf die Nummer eines NOTAMs (NOtice To AirMen) verwiesen, statt dass man zur Antwort ein JA oder NEIN bekommt. An diese Notams kommt man selbst aber nur heran, wenn man sich irgendwo ein Konto anlegt, und auch das funktioniert nicht so recht. Einfacher ist es, auf der entsprechenden Seite der US-amerikanischen FAA (Federal Aviation Administration) nachzusehen. Aber auch das, was da gestern stand, muss heute nicht stimmen.

Ich bin schon eine ganze Weile in der Luft und fliege in Richtung der Südostspitze Sardiniens, als ich den Lotsen vom Fluginformationsdienst erneut nach dem Status des Flugbeschränkungsgebietes, das auf meinem Weg liegt, frage. Es ist für den Durchflug gesperrt – und nun? Ich kämpfe mit meinen Karten und plane den Umweg. Dabei ergibt es sich, dass ich mit ziemlich wenig Restkraftstoff in Syrakusa ankommen würde. Und das ist genau die Situation, in die ich nicht kommen möchte. Wenn die Bedingungen am Zielort nicht gut sind, möchte ich nicht trotzdem landen müssen, weil in den Tanks Ebbe herrscht. Ich bitte den Lotsen, nachzufragen, ob ich mit meinem UL auf dem Flughafen

von Trapani landen dürfe, und ob es da den richtigen Sprit gäbe. Zweimal nein. Jetzt wird es mir zu viel. In meinem wackeligen, zugigen Cockpit sind die Möglichkeiten, jetzt noch eine leidlich belastbare Neuplanung des Streckenabschnittes vorzunehmen, doch sehr limitiert, und ich entschließe mich, nach San Teodoro zurückzufliegen, um in Ruhe, mit ausgebreiteter Karte, Laptop und Telefon einen Alternativplan auszuarbeiten.

Das dauert allerdings länger als ich dachte. Es gibt in Italien eine ganze Anzahl von Aviofizen, das sind kleine Flugplätze in Vereins- oder Privatbesitz und eine gute Wahl mit einem Ultraleichtflugzeug. Aber wenn man diese kleinen Flugplätze nicht kennt, ist es ratsam, vorher mit einem der Kameraden vor Ort zu telefonieren, um zu erfragen, ob die spärlichen Informationen, die man im Netz finden kann, noch aktuell sind. Insbesondere den Zustand der Piste zu kennen, ist wichtig. Nach einigem hin und her werde ich an einen Fliegerkameraden verwiesen, der auf Sardinien lebt, UL-Pilot und auch Fluglotse ist. Er empfiehlt mir den Flugplatz Sibari in Kalabrien und nennt mir auch eine Handy-Nummer für die Kontaktaufnahme. Als ich ihm ganz vorsichtig von meinem Erlebnis mit dem Turmlotsen von Olbia berichte, wundert er sich überhaupt nicht. Diese Probleme seien durchaus bekannt, aber offenbar interessiert es niemanden.

Ich rufe also die mir empfohlene Handynummer an und werde von meinem Gegenüber gebeten, meine Frage als Textnachricht zu schicken (denn die kann man durch ein Übersetzungsprogramm laufen lassen). Die Antwort ist herzlich, ja, es gäbe MoGas und auch für kleines Geld ein Zimmer auf dem Flugplatz, ich solle einfach kommen.

Na prima, das Problem ist aus der Welt, und auch wenn noch Zeit ist, für heute „mog i nimmer".

RocketRoute hat mir ein neues Hotelzimmer besorgt, und der Flugplatzbetreiber setzt mich am späten Nachmittag dort ab. Später schlendere ich von da zum Abendessen in die Altstadt und lasse es mir bei mediterranen Temperaturen und Gerichten gut gehen.

↑ Flug nach Süden entlang der Ostküste Sardiniens nach Süden.

↓ Mediterranes Klima und roter Wein.

Foto: Cordes

Tag 36 Freitag, 11. Juli

San Teodoro ZZZZ-ZZZZ **Sibari**

09:45 - 13:55 Uhr 04:10 h **104:13 h**

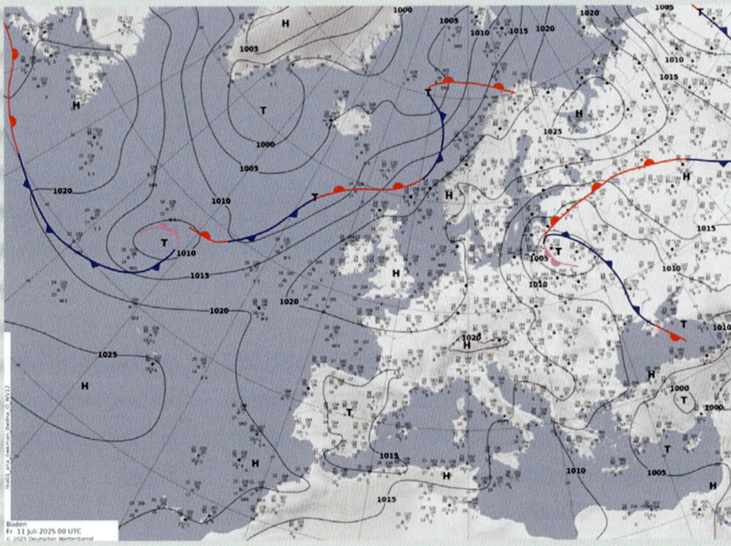

Wetterlage:
Anhaltender Hochdruckeinfluss über dem westlichen Mittelmeer.

Wieder allerbestes Flugwetter, ich habe wirklich Glück oder bei Petrus einen dicken Stein im Brett.

Ich drehe nach dem Start auf ost-südöstlichen Kurs und fliege direkt auf das Thyrennische Meer hinaus.

Das Tyrrhenische Meer wurde nach den Etruskern benannt, die angeblich um 500 v. Chr. im Bereich der heutigen Toskana lebten, und deren Kultur in den darauffolgenden Jahrhunderten in der römischen aufging. Es ist bis zu 3500 m tief und fasst deswegen gemessen an seiner flächenmäßigen Ausdehnung sehr viel Wasser. Damit wirkt es dämpfend auf den Gang der Jahreszeiten. Die Sommer sind etwas kühler, die Winter etwas wärmer als in vergleichbaren geographischen Breiten. Diesen Einfluss habe ich in meinem Fliegerleben andersherum im damaligen Astana, dem heutigen Nur-Sultan, der Hauptstadt Kasachstans, erlebt. Wir sind dort ein paar Jahre lang mit den Frachtern auf dem Weg in den fernen Osten zum Besatzungswechsel und zum Nachtanken zwischengelandet. Nur-Sultan ist die am weitesten vom Meer entfernt gelegene Hauptstadt der Welt, und die Temperaturen erreichten im Winter gelegentlich um minus 40 Grad Celsius. Im Sommer hingegen waren plus 30 Grad keine Seltenheit. Und über die kasachische Steppe pfeift der Wind. Das war fliegerisch manchmal ziemlich anspruchsvoll, aber ich sagte ja schon, dass ich auf dem Frachter als Flieger manchmal sehr gefordert war.

Aber heute habe ich mit keinerlei Wetterextremen zu tun. Die Sonne lacht vom Himmel auf mein Flugzeug und meine Nase, und die Temperaturen sind auch im offenen Cockpit sehr angenehm. Ich raste die Frequenz des Fluginformationsdienstes, melde mich aber nicht. Wegen des eingeschalteten Transponders bin ich auf dem Radar mit Rufzeichen sichtbar, wenn es also etwas dringendes mitzuteilen gibt, erreicht man mich auch.

Hier über dem Wasser liegt das Flugzeug ganz ruhig in der Luft. Über dem Meer, noch dazu wenn es relativ kühl ist, entsteht selten Thermik und bei der glatten Meeresoberfläche können sich im Wind keine Turbulenzen bilden. Gerade jetzt wirkt sich die im Rahmen der Modellpflege etwas vergrößerte Flosse des Höhenleitwerks ausgesprochen positiv aus. Leitwerke werden in die jeweilige Flosse und das jeweilige Ruder unterteilt. Die Flosse soll das Flugzeug um die zugehörige Achse stabilisieren, und das Ruder soll es um diese Achse manövrieren. Die Teilbereiche der Flugmechanik werden als „Stabilität und Steuerbarkeit" (im Englischen „stability and control") bezeichnet. Ein ausgewogenes Verhältnis zwischen diesen beiden Größen hat großen Einfluss die Flugeigenschaften eines Flugzeuges. Die Flugeigenschaften beschreiben vereinfacht gesagt, wie leicht oder gut eine Flugaufgabe zu erfüllen ist. So eine Flugaufgabe kann im einfachsten Fall das Halten der Flughöhe sein. Wieviel Aufmerksamkeit muss man aufbringen, um die Aufgabe zu erfüllen. Und diese Aufgabe ist mit der vergrößerten Flosse am Höhenleitwerk einfacher geworden. Man kann es so beschreiben: wird die Flosse größer, nimmt die Stabilität zu, wird das Ruder größer, nimmt die Manövrierbarkeit zu. Und vorher, also mit der kleineren Flosse, war der Junior ein klein wenig zappelig.

Während ich so unbeschwert einfach geradeaus fliege, mache ich mir klar, dass das Wasser unter mir stellenweise tiefer ist, als ich mit meinem UL-Flugzeug hoch fliegen kann. Wenn ich hier zu den Fischen muss, und das Flugzeug dann irgendwann untergeht, ist es einfach weg.

Foto: Cordes

↑ Abflugbereit in San Teodoro.

Sardinien, das ich bisher kaum und auch dann nur aus großer Höhe gesehen habe, hat mich sehr beeindruckt. Die Landschaft ist herrlich, die Küsten sind ein Traum – auch da müsste man mal ein paar Tage Urlaub verbringen, aber wo denn noch? Alle Regionen unseres alten Kontinents, die ich bisher auf dieser Reise überflogen habe, hatten etwas Eigenes, schönes an sich – Europa eben.

Weit voraus sind Cumuluswolken auszumachen, links voraus liegt die Küste von Kampanien mit der Hauptstadt Neapel. Den Vesuv kann ich erahnen, aber nicht wirklich sehen. Voraus und etwas rechts liegt dann Kalabrien, sozusagen der Spann des italienischen Stiefels.

Foto: Cordes

← Abflug hinaus auf das Tyrrhenische Meer.

↑ Sardinien bleibt zurück.

Südlich von Salerno erreiche ich die Amalfi-Küste. Das ist das (nicht das einzige) Land, in dem die Zitronen blühen. Die Italiensehnsucht der Deutschen liegt wohl in der Schönheit dieser Landschaft begründet, der der große Dichterfürst („der olle Herr Jeheimrat") Goethe mit seinem Gedicht „Kennst Du das Land, wo die Zitronen blühen?" ein Denkmal gesetzt hat. Hier sollen schon zur Römerzeit die Schönen und Reichen ihre Sommersitze gehabt haben. Parallel zur Küste verläuft die Amalfitana, die noch junge Küstenstraße, und hier kann ich mir eine Kabriotour auch sehr gut auf vier Rädern vorstellen. Etwa beim Küstenort Diamante fliege ich im rechten Winkel und mit Ostkurs über direkt auf Sibari zu und muss auf etwa 2000 m steigen, um die nahen Bergzüge zu überfliegen. Nachdem sie hinter mir liegen, kann ich einen allmählichen Sinkflug beginnen und überfliege den Flugplatz Sibari, um ihn mir erst von oben anzusehen, denn im Funk meldet sich niemand. Ich entscheide mich aufgrund der Anzeige des Windsackes für eine Landung auf der Piste 12 und rolle zum Vorfeld.

Ein freundlicher Herr kommt aus dem Clubhaus zu meinem Abstellplatz gerannt, um mir zur Hand zu gehen. Er spricht zwar kein Englisch, aber wir verstehen uns trotzdem. Er zeigt mir, wo ich tanken und das Flugzeug danach abstellen kann und weist mich in die Anlagen des Vereinsgeländes ein. Das ist eine recht vornehme Anlage, und ich bekomme zur Begrüßung auch noch einen Espresso angeboten. Mein Nachtquartier liegt in einem Nebengebäude und bietet in seiner Bescheidenheit alles, was ich mir wünsche.

↑ Alle Motorwerte stabil, der Motor weiß ja auch nicht, das er übers Wasser fliegt.

← Das italienische Festland kommt in Sicht.

Foto: Cordes

↑ Die Amalfiküste.

→ Die letzten Meter nach Sibari.

Obendrein bekomme ich noch ein Fahrrad gestellt, mit dem ich in die nahegelegene Kleinstadt radeln kann, um Besorgungen zu machen oder um ins Wirtshaus zu gehen. Vergessen sind all die Ärgernisse auf Sardinien. Ich kaufe mir im Supermarkt Brot, Käse, Wurst, Mineralwasser und Rotwein und lasse den Tag auf der Terrasse direkt am Vorfeld und nur wenige Meter von meinem braven Junior entfernt bei sehr angenehmen Temperaturen tiefenentspannt ausklingen.

Noch ein kurzes Telefongespräch mit der Junkers Crew, und ich verspreche, dass ich pünktlich in Venedig sein werde, denn dort erwartet den Junior und mich noch ein großes Ereignis, bei dem wir beide die Hauptrolle spielen sollen. Vorher will ich aber noch den Gegenpol zum Nordkap erreichen und den Ätna auf Sizilien umrunden.

Foto: Cordes

Foto: Cordes

↑ Überflug des Flugplatzes Sibari.

← Mein tapferer Junior nach der Etappe.

Tag 37 Sonnabend, 12. Juli

Sibari ZZZZ-ZZZZ Sibari

10:32 - 14:26 Uhr 03:54 h **108:07 h**

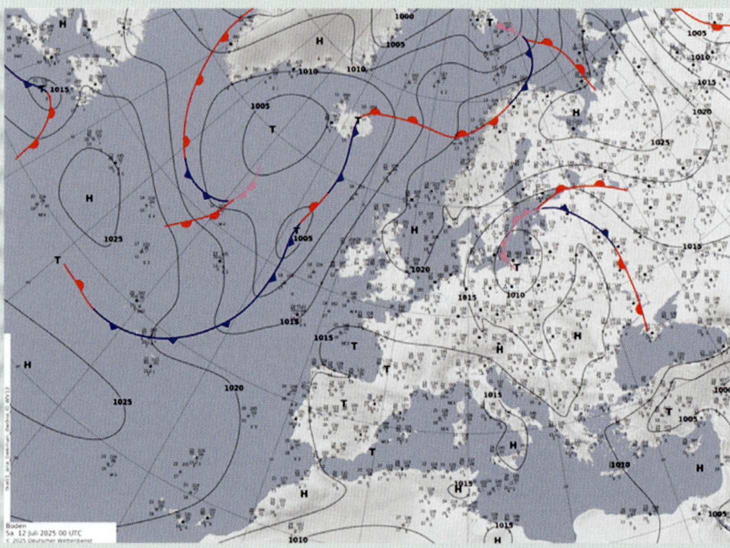

Wetterlage:
Mit einem Wort „problemlos“.

Die geplante Flugzeit für den heutigen Tag beträgt ungefähr vier Stunden, ich habe also Zeit und lasse es ruhig angehen. Der Kern des Hochdruckgebietes über dem südlichen Tyrrhenischen Meer mit 1016 hPa Luftdruck liegt etwa auf halbem Weg zum geplanten Wendepunkt und verspricht wieder herrliches Flugwetter.

Nach dem Start steige ich wieder auf 2000 m um die Berge, über die ich gestern angeflogen bin, zu passieren und sinke nach dem Überflug der Küstenlinie auf etwa 1000 ft (300 m). Schon von weitem ist der Stromboli zu erkennen, der mein erster Wegpunkt sein soll.

Die Insel Stromboli, die von dem gleichnamigen Vulkan gebildet wird, gehört zu den Äolischen oder Liparischen Inseln, einer Kette von sieben bewohnten Inseln vulkanischen Ursprungs. Diese Vulkane gehören zu einer Kette, die den Vesuv und den Ätna verbindet. Sie gehören seit 25 Jahren zum UNESCO Weltkulturerbe. Wenn ich von Insel zu Insel hüpfe, muss ich also zwangsläufig zum Ätna gelangen. Der Stromboli ist angeblich der einzige, dauerhaft tätige Vulkan Europas, und auch heute trägt er quasi als Krone eine Rauchwolke. Wahrscheinlich raucht ihm der Kopf, weil er angestrengt überlegt, ob er nicht mal wieder eine heftige Eruption veranstalten soll. Seine Flanken fallen unter Wasser genauso steil ab, wie sie sich aus dem Meer erheben. Sein Krater erhebt sich fast 1000 m aus dem Meer und ragt damit vom Meeresboden aus 3000 m in die Höhe. Ich halte respektvollen Abstand, zumal eng um ihn herum eine Flugverbotszone bis 5000 ft Höhe eingerichtet ist. Der Anblick der zu meiner Rechten vorbeiziehenden Insel ist unglaublich schön. Ich setze meinen Weg entlang der Inselkette fort und sehe Segelboote, Motoryachten und Fährschiffe unter mir. Kein Wunder, dass so viele Menschen hier Entspannung

Foto: Cordes

Foto: Cordes

↑ Flug Richtung Südwest zum Tyrrhenischen Meer.

Foto: Cordes

← ↑ Der Stromboli auf meinem „Mäusekino“ ... und „in echt“.

↑ Die liparischen Inseln. ↓ Der Ätna aus der Ferne.

und Erholung suchen. Bei Lufttemperaturen um 30 und Wassertemperaturen um 25 Grad ist das ein nahezu ideales Wassersportrevier.

Von Ferne ist die Küstenlinie von Sizilien zu erkennen und so langsam zeichnet sich auch der Ätna am Horizont ab. Vor der Küstenlinie muss ich wieder Höhe gewinnen, denn die ersten Berge auf dem Weg zu meinem Ziel erreichen schnell Höhen von 1500 bis 2000 m. Beim Küstenort Patti erreiche ich Sizilien und steige immer höher, den Ätna links voraus im Blick. Bei Randazzo erreiche ich den Kegel des Vulkans, was auch am Untergrund, der natürlich aus vulkanischem Gestein besteht, deutlich zu erkennen ist.

Irgendwo hier, wohl auf der Südostseite des Vulkans soll der Sage nach der Zyklop Polyphem gehaust haben, den Odysseus mit einer List geblendet haben soll. Als ihm und den verbliebenen sechs Kameraden die Flucht auf ihrem Schiff gelingt, soll der einäugige Riese ihnen Felsen hinterhergeworfen haben. Diese bildeten heute vor der Küste Siziliens die Zyklopischen Inseln

Ich steige weiter bis auf fast 10.000 ft, höher darf mein Flugzeug nach dem Zulassungskennblatt nicht steigen. Damit komme ich nicht über den Hauptkrater, aber auch über diesem Gipfel wurde eine Flugverbotszone bis über 6000 m Höhe eingerichtet. Außerdem habe ich schon einmal von oben direkt hineinschauen können. Der Weg von Frankfurt nach Nairobi, der kenianischen Hauptstadt, führte je nach Wetterlage entweder über den Balkan, Kreta und Ägypten oder über den italienischen Stiefel und Libyen nach Ostafrika. Bei einer dieser Nachtflüge über Italien lag der letzte Ausbruch des Ätnas erst ein paar Tage zurück, und in der sternklaren Nacht bot sich ein fantastischer Anblick von oben mitten in den „Kochtopf“!

Foto: Cordes

Es dauert noch eine Weile, bis die Wolken den Blick auf den Gipfel freigeben. Ich mache ein paar Fotos und genieße den Anblick. Auf den Weg einmal um die Spitze herum verzichte ich, denn hier oben ist es empfindlich kalt. Da ich aber schneller als am Nordkap wieder in die wärmere Luft kom-

↑↓ Nach fast zwei Stunden (Timer 01:59:57) ist der Ätna fast erreicht, Flughöhe 8880 ft = 2706 m.

Foto: Cordes

↑ Sizilianische Bergdörfer.

men kann, ertrage ich das jetzt einfach. Südwestlich des Gipfels mache ich am südlichsten Punkt meiner Reise, fast 4000 km vom Nordkap entfernt, kehrt und beginne meinen langsamen Sinkflug wieder in Richtung der Nordküste. Ich entdecke Dörfer, die auf dem Grat von Höhenzügen liegen und frage mich, warum die Menschen sich dort angesiedelt haben. Wahrscheinlich waren sie da bei Vulkanausbrüchen besser aufgehoben, denn wenn es danach sich zu Tal wälzende Lavaströme gab, sind die sicher nicht über die Kämme, sondern durch die Täler abgeflossen. Die Menschen werden sich schon ihre Gedanken gemacht haben, denn all die Steine die Berge hochzupuckeln wird auch keine leichte Arbeit gewesen sein.

Hinter der Küstenlinie nehme ich direkten Kurs auf meinen Ausgangs- und Zielort Sibari, so dass ich die Liparischen Inseln dieses Mal mit größerem Abstand passiere. Nach knapp vier Stunden Flugzeit lande ich wieder in Sibari und beginne meine Routinearbeiten wie nach jedem Flug.

Heute Abend muss ich der Flugvorbereitung mehr Aufmerksamkeit widmen als in den Vortagen, denn die Prognose für den Folgetag ist nicht so günstig. Nach einem ausführlichen Gespräch mit den Wetterfröschen der Flugwetterdienstes in

München entschließe ich mich, entlang der Ostküste des Stiefels über die Adria zu fliegen. Die Ostseite des Stiefels liegt bei der aufziehenden Wetterlage im Lee des Apennins, der Italien von Nord nach Süd durchzieht und mit seinen Höhen von bis zu 3000 m Höhe als Wetterscheide wirken kann. Auf der Leeseite von Hängen oder Gebirgen sinken Luftmassen nach dem Überströmen des Gebirges wieder ab, was durch die dabei einsetzende Erwärmung der Luft eine Tendenz zur Wolkenauflösung bewirkt. Den Abend verbringe ich wie den vorangegangenen bei ausgiebiger Fachsimpelei mit den Fliegerkameraden des Vereins.

Foto: Cordes

↑ Flug über die sizilianische Nordküste.

← Buonanotte, Junior.

Tag 38 Sonntag, 13. Juli

Sibari ZZZZ-LIDF **Fano**

08:49 - 12:55 Uhr	04:06 h	**112:13 h**

Fano LIDF-LIVP **Venedig Nicelli**

13:28 - 14:44 Uhr	01:16 h	**113:29 h**

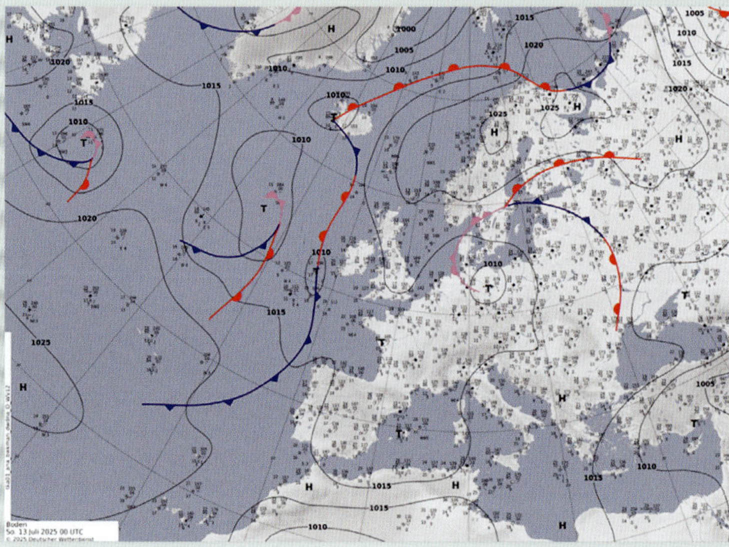

Wetterlage:
Das Tief mit Kern über Mallorca führt sehr warme Luft aus dem Maghreb über das südliche tyrrhenische Meer heran, wo sie viel Feuchtigkeit aufnehmen kann. So beladen trifft sie auf den Apennin, wird im Stau an den Südwestflanken zum Aufstieg gezwungen und regnet sich ab, bevor sie „abgetrocknet“ auf der Nordostseite wieder absteigen kann und sich wieder erwärmt. Deswegen ist dort schwach bedeckter oder sogar wolkenloser Himmel zu erwarten.

Die Entfernung von Sibari nach Venedig beträgt auf dem geraden Weg etwas über 700 km, das ist an der Grenze dessen, was mit meinem Junior möglich ist, und Grenzen auszureizen, wenn man es nicht muss, ist nicht klug. Also plane ich eine Zwischenlandung zum Nachtanken, und meine Wahl fällt auf den Flugplatz Fano zwischen Ancona und Rimini. Von dort sind es noch ungefähr 200 km bis Venedig, die Pause wird meinem Flugzeug und mir guttun.

Ich begleiche meine Schuld beim Club und schwinge mich von guten Wünschen begleitet in mein Flugzeug. Nach dem Start fliege ich direkt nach Nordosten an die Küste des Golfes von Tarent. Unter mir liegt eine hügelige Landschaft, in der Brauntöne vorherrschen. Mittendrin liegen kleine Dörfer verteilt, die man aus meiner nicht zu großen Höhe immer zuerst am Turm der Dorfkirche erkennen kann.

Heute komme ich nicht umhin, mich beim Fluginformationsdienst zu melden, denn auf meinem Weg liegen wieder viele Beschränkungsgebiete. Dabei fällt mir unangenehm auf, wieviel Probleme es den Lotsen schon bereitet, mein Rufzeichen Delta – Mike Quebec Uniform India korrekt auszu-

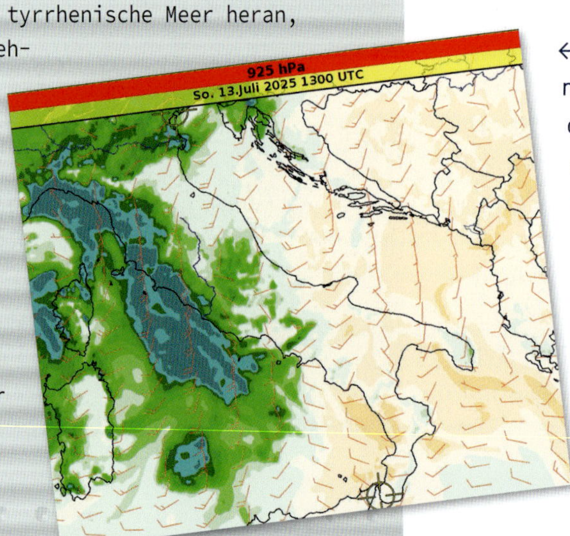

← Diese Karte zeigt die Feuchte im Druckniveau 925 hPa, das entspricht etwa 2500 ft oder 800 m Höhe. Man sieht an den grün eingefärbten Bereichen und den dünnen roten Windpfeilen sehr deutlich, wie die feuchte Luft gegen den Apennin gedrückt wird und sich dort staut. Im Zielgebiet Norditalien kann die Luftmasse durch die Poebene bis an die nördliche Adria vordringen, was sich im Laufe des Fluges genau so bestätigen sollte.

sprechen. Dauernd rufen sie mich als Delta – Mike Quebec Juliett India. Irgendwann reagiere ich darauf nicht mehr. Und es dauert auch immer unangemessen lange, bis so eine einfache Frage wie „Confirm status of LI-R 310!“ (Bestätigen Sie den Status des Flugbeschränkungsgebietes 310) beantwortet ist. Damit rehabilitieren sie sich bei mir jedenfalls nicht! Die in meinen Augen auch wieder viel zu großen Kontrollzonen der Flughäfen an der adriatischen Küste um Bari, Pescara und Ancona umfliege ich auf der Wasserseite, das erspart mir viel Gerede am Funk.

Foto: Cordes

↑ Abflugbereit auf der Piste 30 in Sibari. ↓ Am Golf von Tarent.

Foto: Cordes

↑ Vieste an der Adria.

Dort wo der Absatz des Stiefels beginnt, fliege ich nach Norden wieder ein Stück über Land und mogele mich zwischen Naturschutzgebieten mit Mindestflughöhen und für mich beschränkten Lufträumen, die z. T. nur knapp darüber liegen, hindurch. Jetzt bin ich über der Region Apulien. Nordwestlich von Bari erreiche ich die adriatische Küste, der ich weiter nordwestwärts folge. Mit Ausnahme des Gargano Gebirges, das etwa auf halbem Weg zwischen Bari und Ancona liegt und 50 km in die Adria hineinragt, verläuft die Küstenlinie mehr oder weniger geradlinig nach Nordwesten. Auch hier ist die Küste von zahlreichen kleinen Häfen und Ferienorten geprägt, und viele Segler sind an diesem Sonntag auf dem Wasser.

Die Entscheidung, den Weg über die Adria zu nehmen, erweist sich als richtig. Fern im Westen kann ich die Wolkenwand erkennen, die sich am Apennin staut und bedrohlich dunkel aussieht.

Als ich mich Fano nähere, hat sich der Himmel dort stellenweise auch schon zugezogen, und es sind auch schon vereinzelte Schauer auszumachen. Ich rolle aufs Vorfeld, kippe aus meinen beiden grünen Kanistern 30 Liter Benzin, die ich aus Sibari mitgebracht habe, in die Tanks, suche das Örtchen auf und das Flugplatzbüro, um meine Landegebühr zu bezahlen. Da ich dort niemanden vorfinde, hinterlege ich einen Zettel mit meinem Namen, meiner email-Adresse, dem Kennzeichen, des Abflug- und des Zielortes und der Lande- und erwarteten Startzeit.

Als ich wieder zur Piste rolle, sehe ich den Piloten einer Fallschirmspringermaschine, stelle den Motor ab und winke ihn herbei. Es ist ein Deut-

↑ Weiter im Norden, wo der Schutz des Apennin fehlt, wird das Wetter nicht besser, gegen 12:30 Uhr.

← Beim Abflug aus Fano.

Foto: Cordes

↑ Lagunenküste.

↓ Chioggia.

scher, der hier, so vermute ich, Flugstunden als Absetzpilot sammelt. Wir klönen kurz, und ich hinterlasse ihm meine Visitenkarte und bitte ihn, sich um die Landegebühr zu kümmern. Bis heute ist keine Rechnung gekommen.

Als ich die (viel zu große) Kontrollzone von Rimini umflogen habe und mich wieder der Küstenlinie nähere, hat die Landschaft ihr Bild vollständig verändert. Erstaunt entdecke ich Bohrinseln, die ich hier nicht erwartet habe. Im Netz finde ich dazu auch nichts, aber sie stehen da.

Die Küste ist flach und von Lagunen geprägt. Ich erreiche Chioggia, wo eine VOR (UKW-Drehfunkfeuer für die Flugnavigation) steht, die ich auch schon hundert Mal angeflogen bin, wenn es von Deutschland Richtung Afrika ging. Beim Anblick der Stadt, die man auch – die Bewohner mögen es mir verzeihen – als „Klein-Venedig" bezeichnen könnte, merke ich einmal mehr, was ich in großer Höhe fliegend alles nicht mitbekommen habe. So langsam mache ich mir aber auch Sorgen, ob ich noch trocken an mein Ziel komme.

↑ Venedig ist erreicht.

Mit etwas Glück gelingt es jedoch, und ich lande am frühen Nachmittag auf dem Nicelli Flugplatz auf dem Lido von Venedig. Die Stadt selbst konnte ich leider nicht überfliegen, sie liegt innerhalb der Kontrollzone des Flughafens Marco Polo. Aber sonst wäre da auch bestimmt eine Flugverbotszone eingerichtet, denn wer würde da nicht alles langfliegen wollen. Ich erinnere mich an einen Abflug mit dem Airbus A320, der wie immer nach dem Start in nordöstlicher Richtung in einer weiten Rechtskurve über die Lagunenstadt führte. Wenn man dann nur langsam steigt, überfliegt man die Stadt in etwa 1000 m Höhe, und wir hatten an jenem klaren Morgen einen wunderbaren Blick auf die von der noch tief stehenden Morgensonne in warmes Licht getauchte Stadt.

In Venedig steht ein ganz großes Programm an. Die Firma Junkers wird feierlich eine Niederlassung am Nicelli Flugplatz eröffnen. Nicelli ist dafür der ideale Platz. Der Flugplatz, der schon 1915 eröffnet wurde, war lange Zeit Italiens geschäftigster Flughafen. Im Jahre 1926 hob hier der erste internationale Linienflug ab. Von Venedig nach Wien, mit einer Junkers! Das alte Tankstellengebäude im Art- Deco-Stil beherbergt jetzt das Junkers Büro.

↑ Das Flugfeld Nicelli auf dem Lido.

→ Fahrt ins Hotel mit dem Vaporetto.

Foto: Cordes

Aber erstmal ist Schluss für heute. Und mit der Bescheidenheit der Transporte und Unterkünfte, mit der ich bisher während meiner Reise zufrieden war, auch. Es geht stilecht mit einem Vaporetto (einem Wassertaxi) auf die Isola de San Clemente. Ich habe als Linienflieger ja schon schöne Hotels gesehen, aber das schlägt sogar das „Oberoi" in Kalkutta, meinen bisherigen Lieblingspalast. Das San Clemente Palazzo Hotel ist aus einer Klosteranlage heraus entstanden und einfach unbeschreiblich großzügig gestaltet und vornehm ausgestattet. Auch gibt es endlich wieder einmal maschinengewaschene Wäsche. Am Abend fahren wir zum Abendessen in die Stadt. Der Tag endet mit einem Absacker und einer Zigarre im Garten des Hotels. Es könnte einem schlechter gehen.

Tag 39 Montag, 14. Juli

Nicelli LIVP-LIKE **Litorale di Caorle**		
13:10-13:39 Uhr	00:29 h	**113:58 h**
Litorale di Caorle LIKE-LIVP **Nicelli**		
14:11-14:42 Uhr	00:31 h	**114:29 h**

Heute findet die Generalprobe für den großen Tag statt. Mit den drei Junkers F13 im Schlepp fliege ich nach Litorale di Caorle, einem kleinen Grasplatz östlich von Venedig, nur ein paar Flugminuten von Nicelli entfernt. Dort besprechen wir den Formationsan- und Überflug für den nächsten Tag, an dem die offizielle Eröffnung der Junkers-Dependance mit vielen geladenen Gästen stattfinden soll. Ich vorweg, die anderen drei im Dreieck hinterher. Auf dem Rückflug nach Nicelli sortieren uns über dem Strand. Zunächst in weiter Formation und dann auf das Kommando von „Breiti" immer enger. So überfliegen wir eng beieinander und „nicht sehr hoch" den Nicelli in Richtung Südwest, steigen dann langsam an und lösen die Formation dadurch auf, dass einer nach dem anderen in den Endanflug der Piste 05 eindreht. So landen wir im 30 Sekundentakt und rollen aufs Vorfeld, wo wir dieselbe Formation einnehmen, in der wir vorher geflogen sind. Als die letzte F13 meldet, dass sie auf Position ist, zähle ich am Funk „engine cut 3-2-1-now!" und alle vier Motoren verstummen gleichzeitig. Wir sind zufrieden mit uns, und der Rest des Tages vergeht mit Flugzeugputzen und Besuchsprogramm in der Lagunenstadt.

Foto: Cordes

Foto: Cordes

↑ Abfahrbereit zum Stadtbummel.
← Canale Grande, im Hintergrund die Rialto-Brücke.

Tag 40 Dienstag, 15. Juli

Nicelli LIVP-LIKE **Litorale di Caorle**		
17:51 - 16.05 Uhr	00:14 h	**114:43 h**
Litorale di Caorle LIKE-LIVP **Nicelli**		
18:54 - 19:17 Uhr	00:23 h	**115:06 h**

↑ Im Versteck in Litorale di Caorle.

Der große Tag ist gekommen, und wir verlassen Nicelli am späten Nachmittag bevor die ersten Gäste eintreffen, denn unsere Ankunft ist für den frühen Abend angekündigt – und ich bin ja eigentlich noch gar nicht da ...

Beim Abflug sind die Vorbereitungen für den Festakt sind in vollem Gange, und die Bühne, die dort steht, ist sicher für mich. Mit der Ju 52 habe ich reichlich Erfahrung damit machen können, vor Publikum vorgezeigt zu werden und spontan Reden halten zu müssen, deswegen denke ich nie vorher darüber nach – das bekomme ich hin, auf Deutsch und auf Englisch und auch immer mit ein paar auswendig gelernten Worten in der Landessprache.

„Buonasera, signore e signori, mi chiamo Claus Cordes e vi ringrazio per la calorosa accoglienza!"

(Guten Abend, meine Damen und Herren, meine Name ist Claus Cordes, und ich bedanke mich für den freundlichen Empfang)

Auch wenn es dabei etwas holpert – die Geste zählt. Die Liste der Gäste ist illuster, und die bunten Sommerkleider der Damen stehen in angenehmem Kontrast zum Grau der Flugzeuge. Es wird parliert, gescherzt, Konversation betrieben, Fotos werden gemacht, und ich, der Grande Commandante, stehe mit meinem Flugzeug im Mittelpunkt.

Der künftig in Venedig stationierte Junior ist inzwischen auf einen Pinton verladen und schwimmt in der Lagune. Jetzt schnell ins Hotel und umziehen. Meine Frau hatte mir nach Mallorca meinen leichten, hellen Sommeranzug mitgebracht, damit ich wenigstens einmal auf der Reise ordentlich aussehe. Ich hatte ihn im Hotel aufbügeln lassen, denn er kam erwartungsgemäß recht zerknittert aus meinem Gepäcksack ans Licht.

Die Fahrt vom Hotel zum Palazzo, in dem das Galadinner stattfinden soll, ist für sich alleine

↑ Der Anflug.

← Der offizielle Empfang nach der Ankunft am Flugplatz Nicelli.

schon ein unvergessliches Erlebnis. Der Blick auf Venedig vom Wasser her bei der tief stehenden Sonne ist unvergleichlich. Der schwimmende Junior dümpelt auf dem Ponton vor dem Markusplatz und ist in blaues Licht gehüllt. Als ich in den Speisesaal des Palazzo eintrete, bleibt mir die Spucke weg. Eine sehr lange Tafel, festlich gedeckt, klassische Musik, Reden von Dieter Morszeck und Dominik Kaelin auf Italienisch, denen ich so ungefähr folgen kann, weil sie natürlich auch relativ langsam sprechen, und dann das Essen, hmmm! Die haben sich mächtig ins Zeug gelegt.

Die Rückfahrt ins Hotel mit dem Wassertaxi nehme ich nur noch verwundert und ungläubig

↓ Die D-MDJU auf einem Ponton vor dem Markusplatz.

Foto: Cordes

wahr. Was ich in meinem Fliegerleben schon alles erleben durfte, verlangt Dankbarkeit und Demut. Sicher habe ich meinen Teil dazu beigetragen, aber ohne ein Stück Glück kann das alles nicht gelingen. Und ich hatte oft großes Glück.

↑ Der Empfang vor dem Restaurant.

← Die Festtafel

Tag 41 Mitwoch, 16. Juli

Stehtag in Nicelli wegen schlechten Wetters auf der Strecke.

Heute soll es nach Wels in Österreich gehen, vor den Toren der Stadt in Gunskirchen befindet sich der Firmensitz der Firma Rotax. Ich muss also von der Alpensüd- auf die Alpennordseite wechseln, und das lässt das Wetter heute nicht zu. Hier der Auszug aus der Wettervorhersage des Luftfahrtberatungszentrums Süd am Münchener Flughafen:

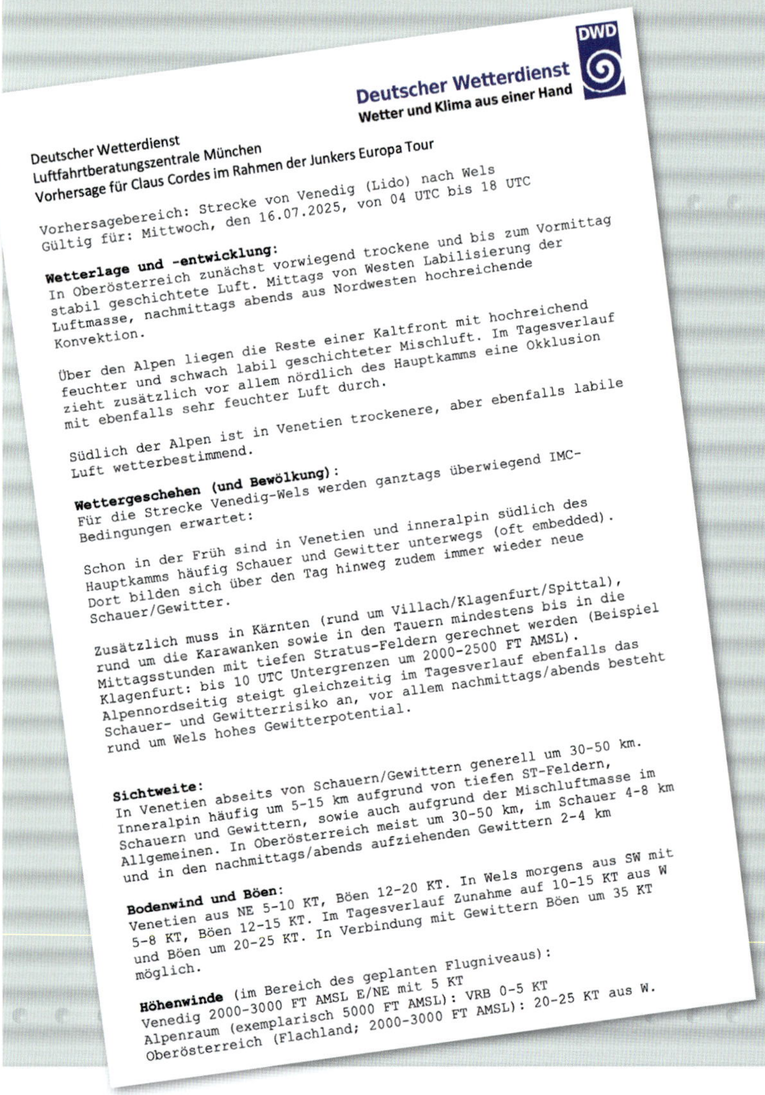

Deutscher Wetterdienst
Wetter und Klima aus einer Hand

Deutscher Wetterdienst
Luftfahrtberatungszentrale München
Vorhersage für Claus Cordes im Rahmen der Junkers Europa Tour

Vorhersagebereich: Strecke von Venedig (Lido) nach Wels
Gültig für: Mittwoch, den 16.07.2025, von 04 UTC bis 18 UTC

Wetterlage und -entwicklung:
In Oberösterreich zunächst vorwiegend trockene und bis zum Vormittag stabil geschichtete Luft. Mittags von Westen Labilisierung der Luftmasse, nachmittags abends aus Nordwesten hochreichende Konvektion.

Über den Alpen liegen die Reste einer Kaltfront mit hochreichend feuchter und schwach labil geschichteter Mischluft. Im Tagesverlauf zieht zusätzlich vor allem nördlich des Hauptkamms eine Okklusion mit ebenfalls sehr feuchter Luft durch.

Südlich der Alpen ist in Venetien trockenere, aber ebenfalls labile Luft wetterbestimmend.

Wettergeschehen (und Bewölkung):
Für die Strecke Venedig-Wels werden ganztags überwiegend IMC-Bedingungen erwartet:

Schon in der Früh sind in Venetien und inneralpin südlich des Hauptkamms häufig Schauer und Gewitter unterwegs (oft embedded). Dort bilden sich über den Tag hinweg zudem immer wieder neue Schauer/Gewitter.

Zusätzlich muss in Kärnten (rund um Villach/Klagenfurt/Spittal), rund um die Karawanken sowie in den Tauern mindestens bis in die Mittagsstunden mit tiefen Stratus-Feldern gerechnet werden (Beispiel Klagenfurt: bis 10 UTC Untergrenzen um 2000-2500 FT AMSL). Alpennordseitig steigt gleichzeitig im Tagesverlauf ebenfalls das Schauer- und Gewitterrisiko an, vor allem nachmittags/abends besteht rund um Wels hohes Gewitterpotential.

Sichtweite:
In Venetien abseits von Schauern/Gewittern generell um 30-50 km. Inneralpin häufig um 5-15 km aufgrund von tiefen ST-Feldern, Schauern und Gewittern, sowie auch aufgrund der Mischluftmasse im Allgemeinen. In Oberösterreich meist um 30-50 km, im Schauer 4-8 km und in den nachmittags/abends aufziehenden Gewittern 2-4 km

Bodenwind und Böen:
Venetien aus NE 5-10 KT, Böen 12-20 KT. In Wels morgens aus SW mit 5-8 KT, Böen 12-15 KT. Im Tagesverlauf Zunahme auf 10-15 KT aus W und Böen um 20-25 KT. In Verbindung mit Gewittern Böen um 35 KT möglich.

Höhenwinde (im Bereich des geplanten Flugniveaus):
Venedig 2000-3000 FT AMSL E/NE mit 5 KT
Alpenraum (exemplarisch 5000 FT AMSL): VRB 0-5 KT
Oberösterreich (Flachland; 2000-3000 FT AMSL): 20-25 KT aus W.

Die geplante Werksbesichtigung muss dann wohl ohne mich stattfinden, denn das Wetter in den Alpen lässt den Flug nicht zu. Also verbringe ich noch einen Tag in Venedig und ziehe nach dem Frühstück in ein kleines Hotel auf dem Lido, nur wenige Gehminuten vom Flugplatz entfernt, um. Ein paar Sterne weniger, aber nicht minder schön – und etwas ungezwungener. Um noch möglichst viel von Venedig zu sehen, wollte ich mit einer öffentlichen Fähre durch die Lagunenstadt fahren. Es gibt ja nicht nur Touristen in einer solch außergewöhnlichen Stadt, sondern da leben auch Menschen. In Bus und Straßenbahn und in Venedig eben auf einer Fähre kommt man ihnen näher, als wenn man im Vaporetto an ihnen vorbeisaust. Aber das Vaporetto ist schon bestellt, und ich füge mich in mein „schweres Schicksal".

Den Nachmittag beginne ich mich mit einem ordentlichen Mittagsschlaf auf einer Liege im kleinen Garten meines Hotels, und danach bereite ich meinen tapferen Junior auf die anstehende Alpenüberquerung vor. Im Flugplatzrestaurant treffe ich anschließend noch auf einige der Honoratioren vom Vortage, und bei Weißwein und Austern vergeht die Zeit bei angeregten Gesprächen wie im Fluge. Ich habe noch nie Austern gegessen, und das wird auch heute nichts. Ich mag nichts aus dem Wasser, aber der Parmaschinken, der ersatzweise zusammen mit Käse angeboten wird, ist auch nicht zu verachten. Der Flugplatzkommandant übergibt mir mit freundlichen Worten noch eine Kiste dunkler Zigarren – was braucht man mehr. Wie gut, wenn das Hotel um die Ecke liegt. Es reicht noch, das Wetterbriefing aus München für den Flug zu studieren.

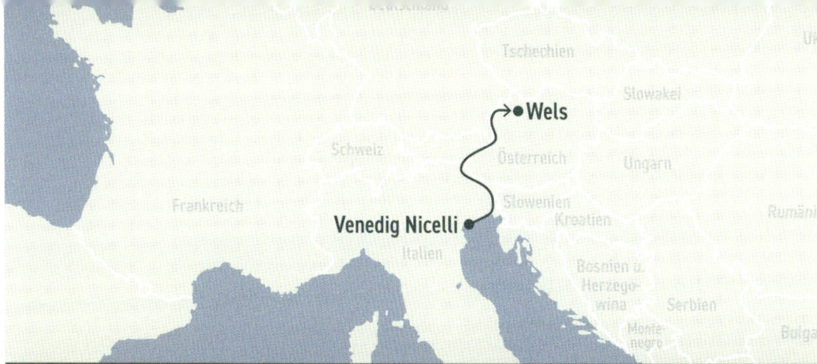

Tag 42 Donnerstag, 17. Juli

Nicelli LIVP-LOLW **Wels**

11:58 - 16:41 Uhr | 04:43 h | **119:49 h**

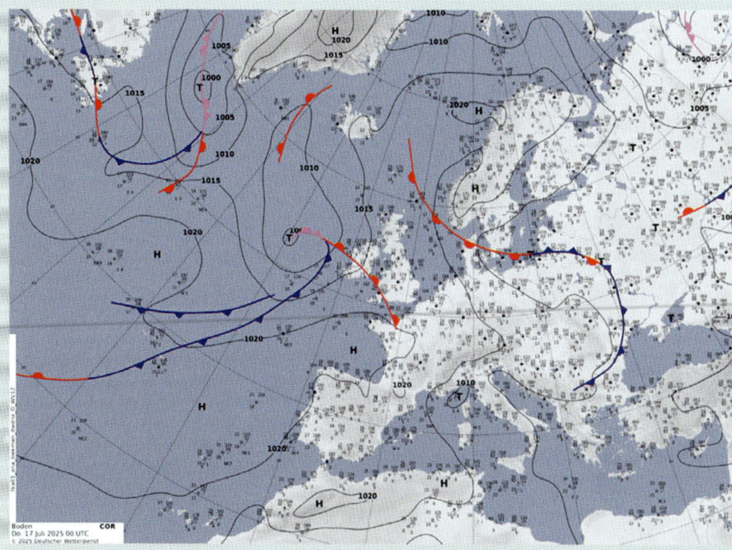

Wetterlage:
Die Fronten sind nach Osten abgezogen, Hochdruck über den Alpen.

Foto: Cordes

↑ Der Tag beginnt verheißungsvoll.

Wieder ein herrlicher Tag in Venedig, das Frühstück auf der Terrasse mit Blick auf die Lagune, wenn auch über eine wenig befahrene Straße hinweg, ist traumhaft. Wenn ich den Hals etwas recke, kann ich den Campanile sehen, der mir zeigt, wo der Markusplatz liegt. Mir gehen noch so einige Erinnerungen an Venedig aus meiner Kurzstreckenzeit durch den Kopf, aber jetzt ist es Zeit zum Aufbruch. Mit meinen sieben Sachen auf dem Buckel mache ich mich anschließend auf den kurzen Weg zum Flugplatz. Das Flugzeug ist mit den inzwischen zur Routine gewordenen Vorbereitungen schnell bereit zum Flug, ich verabschiede mich bei den Flughafenmitarbeitern und beim Junkers-Vertreter vor Ort, und die Reise beginnt.

Der direkte Weg nach Norden ist durch die Struktur des Luftraums versperrt und so beginne ich meinen Flug in östlicher Richtung entlang der Küste bis kurz vor Caorle und überfliege da-

↑ Flug über 100.000 Strandkörbe nach Osten, die Alpen sind schon zu erkennen.

→ Der Einstieg in die Alpen.

bei gefühlt 100.000 Strandkörbe. Dann biege ich nach Norden ab, die Alpen sind schon von weitem zu erkennen. Querab Udine wird das Gelände allmählich hügelig, und da der Anstieg der Alpen aus der Poebene heraus ist steiler als auf der Nordseite verläuft, finde ich mich schnell in etwa 2.500 Metern Höhe wieder. Die dicke Lederjacke war ja beim Abflug viel zu warm, aber jetzt bin ich froh, dass ich sie anhabe.

Es geht weiter nordwärts auf Villach zu und ich plane, der Drau bis Spittal und dann der Möll bis Obervellach zu folgen, um südlich von Bad Gastein den Alpenhauptkamm zu überqueren. Von dort will ich das Tal der Salzach erreichen, dem Fluss nach Norden folgen, die Kontrollzone von Salzburg umfliegen und dann über Mondsee und Attersee nach Wels gelangen.

Bei Spittal erkenne ich aber schon, dass es wohl nicht ratsam ist, den Alpenhauptkamm zu überfliegen. Zwar ist die Bewölkung aufgelockert aber zwischen den höchsten Gipfeln und den Wolkenuntergrenzen ist nicht viel Luft zum Durch-

↑ Grandiose Panoramen.

↑ Ich bin zu unerfahren in den Alpen um in Blickrichtung über den Hauptkamm zu fliegen.

schlüpfen, und da gibt es dann viele Gründe, das nicht zu tun. Mit jedem Meter, den man aufsteigt, werden die Flugleistungen schlechter, weil die Luftdichte abnimmt. In der Folge nimmt die Motorleistung ab und die Mindestfluggeschwindigkeit zu. Das sind dann keine guten Voraussetzungen, um sich in Gipfelhöhe unbekannten Turbulenzen, Auf- und Abwinden auszusetzen. Ich bin nun mal kein erfahrener Alpenflieger und kenne die kleinräumigen Wettererscheinungen im Hochgebirge nicht. Deswegen beschließe ich kein mutiger Pilot zu sein, damit ich noch ein alter Pilot werde. Wie richtig ich damit liege, erfahre ich sehr bald und überraschend deutlich. Statt hinter Spittal an der Drau nach Westen in das relativ breite Drautal abzubiegen, fliege ich nach Nordwesten weiter und folge dem Fluss Möll in das enge Tal nördlich des Kreuzecks. In dieser Düse gehorcht der Westwind der Kontinuitätsgleichung der Strömungslehre und erreicht nach der Anzeige meines Mäusekinos stellenweise mehr als 70 km/h Geschwindigkeit. Das löst natürlich stellenweise kräftige Turbulenzen aus. Wenn ich über dem Hauptkamm in solche Auf- und Abwinde geriete, gäbe es sicher Stellen, an denen man dann nicht mehr entkommen kann. Jetzt habe ich nun etwas mehr Erfahrung beim Fliegen in den Alpen.

Als ich Lienz passiere, bilde ich mir ein, den Großglockner zu erkennen und akzeptiere, dass ich gemäß Plan B den Brennerpass nutzen muss, um auf die Nordseite zu gelangen. Ich fliege also im Frieden mit mir selbst weiter nach Westen, erreiche bei Sterzing die Brennerautobahn und kann mich kurz darauf vor Lachen kaum noch in meiner Blechbüchse halten. Etwas nördlich entdecke ich in der Karte die Ortschaft Gossensaß, die ich bisher für ein Fantasiegebilde meines Schwiegervaters gehalten habe. Er hat meine Frau und deren Schwestern, als sie noch Kinder waren, immer mit einem kleinen Gedichtchen amüsiert, über das ich auch immer wieder herzlich lachen kann.

„Ein Auto fuhr in Gossensaß
durch eine enge Soßengass,
so dass die ganze Gassensoß
sich über die Insassen goss!"

Meine Güte, ich habe die ganze Welt umflogen, jetzt im Ultraleicht fast ganz Europa, und es gibt

↓ Die Alpentäler als Wegweiser.

↑ Der Brennerpass.

immer noch neue Überraschungen. Der Brennerpass mit seinen nur fast 1400 Metern Höhe ist kein wirklicher Gegner, nur so wirklich breit ist er nicht, so dass ich mich weit nach rechts orientiere, denn es ist durchaus wahrscheinlich, dass mir ein Flieger entgegenkommt. Kurz danach rufe ich den Turmlotsen von Innsbruck, weil ich von Süden in die Kontrollzone ein- und im Osten wieder ausfliegen will. Und was für eine Erlösung: ein Fluglotse, der gut zu verstehen und hilfsbereit ist, der weiß, was seine Aufgaben sind. Er lässt mich „wie es beliebt" passieren und wünscht mir, als ich den Ausflug aus seinem Gebiet melde, eine gute Weiterreise. Der Rest des Flugtages ist „Kindergeburtstag". Ich folge dem Inn Richtung Kufstein und erreiche bei Kiefersfelden nach fünf Wochen wieder Deutschland. Kurze Zeit später bin ich südlich von Rosenheim im Alpenvorland und passiere mit Kurs Ost-Nordost auf mein Ziel zu den Chiemsee.

Als ich in Wels lande, werde ich schon von einem sehr lieben, ehemaligen Kollegen erwartet, mit dem ich viele Flüge auf der Ju 52 bestritten habe. Wir versorgen den Flieger gemeinsam und hocken uns dann in den Biergarten, denn auch wenn wir hin und wieder mal telefonieren, gesehen haben wir uns lange nicht mehr. Er bringt mich noch ins Hotel, und dort mache ich mich an die Vorbereitung für den Flug nach Mlada Boleslav am nächsten Tag. Spielt mir das Wetter so kurz vor dem Ziel noch einen Streich?

↑ Der Chiemsee.

→ Flugplatz Wels.

Aus dem Wetterbericht für den 18. Juli:

„Das Problem für einen direkten Streckenverlauf ist das österreichisch-tschechische Grenzgebiet sowie der angrenzende Bayerische Wald. Hier liegt anfangs verbreitet tiefer ST bzw. es entwickelt sich am Morgen tief ansetzende starke CU-Bewölkung.“

Tiefer Stratus ist eine niedrige geschlossene Wolkendecke und eine starke CU-Bewölkung sind Cumuli, aus denen bei dieser Beschreibung Regen fallen kann.

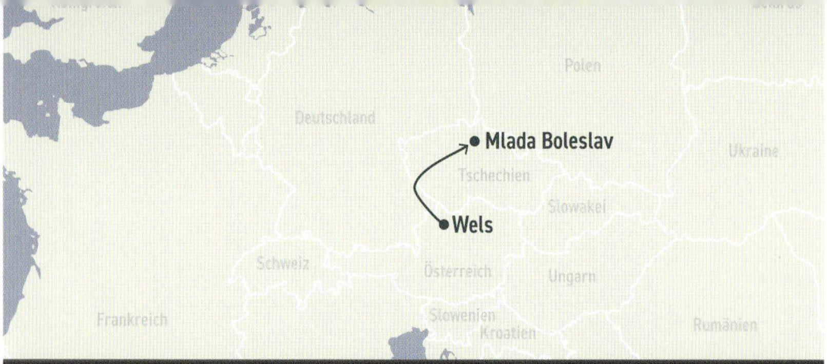

Tag 43 Freitag, 18. Juli

Wels LOLW-LKMB **Mlada Boleslav**		
09:50-12:31 Uhr	02:41 h	**122:30 h**
Mlada Boleslav LKMB-LKMB **Mlada Boleslav**		
14:36-14:42 Uhr	00:06 h	**122:36 h**

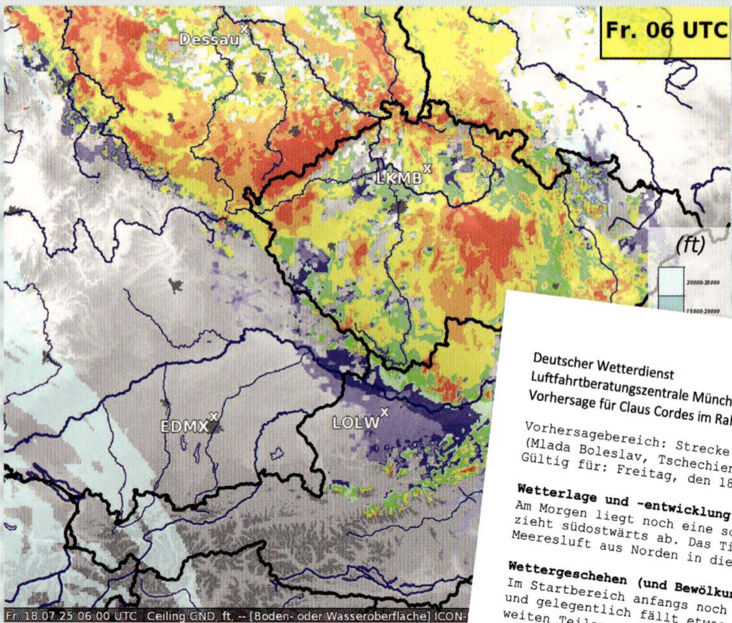

Wetterlage:
Das Bild zeigt tiefe Bewölkung auf der tschechischen Seite des Bayerischen Waldes (DWD).

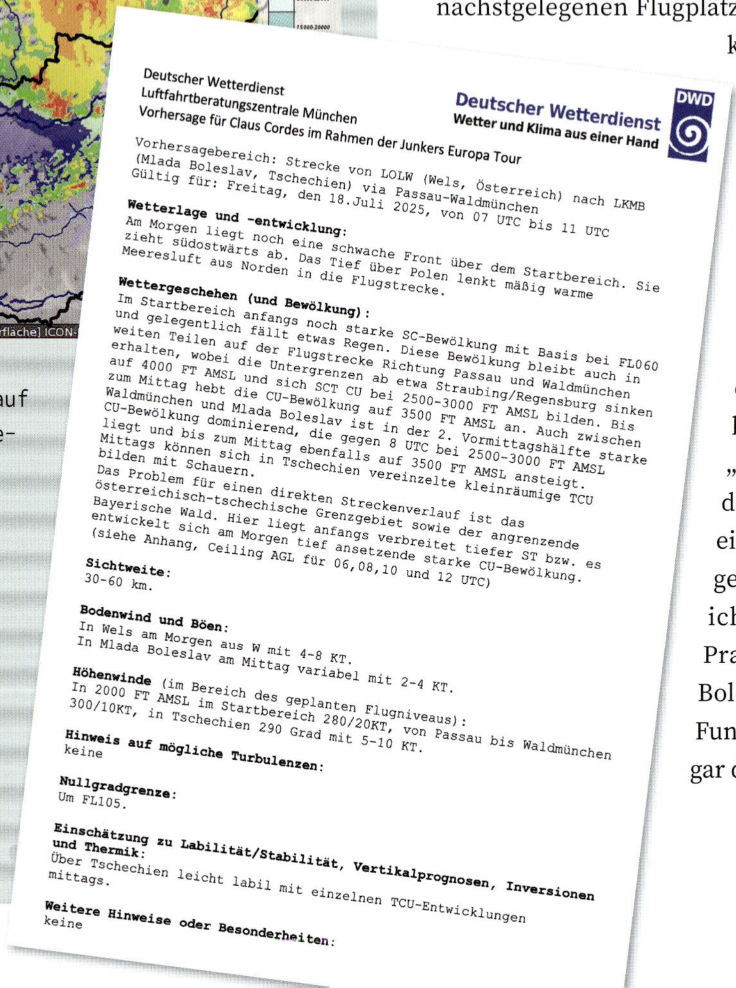

Deutscher Wetterdienst
Luftfahrtberatungszentrale München
Vorhersage für Claus Cordes im Rahmen der Junkers Europa Tour

Deutscher Wetterdienst
Wetter und Klima aus einer Hand
DWD

Vorhersagebereich: Strecke von LOLW (Wels, Österreich) nach LKMB (Mlada Boleslav, Tschechien) via Passau-Waldmünchen
Gültig für: Freitag, den 18.Juli 2025, von 07 UTC bis 11 UTC

Wetterlage und -entwicklung:
Am Morgen liegt noch eine schwache Front über dem Startbereich. Sie zieht südostwärts ab. Das Tief über Polen lenkt mäßig warme Meeresluft aus Norden in die Flugstrecke.

Wettergeschehen (und Bewölkung):
Im Startbereich anfangs noch starke SC-Bewölkung mit Basis bei FL060 und gelegentlich fällt etwas Regen. Diese Bewölkung bleibt auch in weiten Teilen auf der Flugstrecke Richtung Passau und Waldmünchen erhalten, wobei die Untergrenzen ab etwa Straubing/Regensburg sinken auf 4000 FT AMSL und sich SCT CU bei 2500-3000 FT AMSL bilden. Bis zum Mittag hebt die CU-Bewölkung auf 3500 FT AMSL an. Auch zwischen Waldmünchen und Mlada Boleslav ist in der 2. Vormittagshälfte starke CU-Bewölkung dominierend, die gegen 8 UTC bei 2500-3000 FT AMSL liegt und bis zum Mittag ebenfalls auf 3500 FT AMSL ansteigt. Mittags können sich in Tschechien vereinzelte kleinräumige TCU bilden mit Schauern.
Das Problem für einen direkten Streckenverlauf ist das österreichisch-tschechische Grenzgebiet sowie der angrenzende Bayerische Wald. Hier liegt anfangs verbreitet tiefer ST bzw. es entwickelt sich am Morgen tief ansetzende starke CU-Bewölkung. (siehe Anhang, Ceiling AGL für 06,08,10 und 12 UTC)

Sichtweite:
30-60 km.

Bodenwind und Böen:
In Wels am Morgen aus W mit 4-8 KT.
In Mlada Boleslav am Mittag variabel mit 2-4 KT.

Höhenwinde (im Bereich des geplanten Flugniveaus):
In 2000 FT AMSL im Startbereich 280/20KT, von Passau bis Waldmünchen 300/10KT, in Tschechien 290 Grad mit 5-10 KT.

Hinweis auf mögliche Turbulenzen:
keine

Nullgradgrenze:
Um FL105.

Einschätzung zu Labilität/Stabilität, Vertikalprognosen, Inversionen und Thermik:
Über Tschechien leicht labil mit einzelnen TCU-Entwicklungen mittags.

Weitere Hinweise oder Besonderheiten:
keine

Die Reise beginnt noch recht gemütlich, und ich habe geplant, der Donau bis Passau zu folgen, um dann nach Norden in Richtung Bayerischer Wald abzudrehen, um dort nach einer Lücke zu suchen und nach Tschechien zu gelangen. Aber da ist kein Durchkommen. Der Lotse vom Fluginformationsdienst unterstützt mich mit seinem Radarbild, aber ich muss an Bodenmais vorbei bis Fürth im Wald, wo sich am Ende des Bayerischen Waldes endlich eine Lücke auftut. Ich schicke meiner Frau aus der Luft ein Bild von Bodenmais, das ihr als Glasgraveurmeisterin wegen der Glashütten natürlich ein Begriff ist.

Aber auch in Tschechien ist das Wetter mies. Dafür unterstützt mich der Lotse in Prag auf vorbildliche Weise. Er beschreibt mir sein Wetterradarbild, informiert mich regelmäßig über die nächstgelegenen Flugplätze, ruft dort an und erkundigt sich nach dem Wetter und dem Zustand der Graspisten. Ich revanchiere mich dadurch, dass ich ihn darüber informiere, bevor ich kreisend durch ein Wolkenloch absteige, denn auf dem Radarbild sieht das wie ein „Spiralsturz“ aus, an dessen Ende schon oft ein Aufschlag am Boden gestanden hat. So mühe ich mich südöstlich an Prag vorbei nach Mlada Boleslav. Weil ich nur ein Funkgerät habe, ruft er sogar dort an, um meine vor-

← Die Drei-Flüsse-Stadt Passau.

↓ Es führt kein Weg über den bayerischen Wald.

↑ Hier oben geht es, die Wolkenlöcher sind groß genug.

aussichtliche Ankunftszeit zu übermitteln, da die Junkers Crew mich dort erwartet, und ich wegen des Wetters spät dran bin.

Hätte ich auf dieser Reise Preise zu vergeben würde dieser Lotse den Oscar für den besten Fluginformationsdienst bekommen. Der „Goldene Vollpfosten" ginge an den Turmlotsen in Olbia!

Mlada Boleslav, früher Jungbunzlau, liegt etwa 50 km nordöstlich von Prag in Mittelböhmen und ist der Sitz der Skoda-Automobilwerke. Am Flugplatz befindet sich das Luftfahrtmuseum das nach dem tschechischen Flugpionier Metodeje Vlacha (1887 – 1957) benannt ist. Die Altstadt soll sehr sehenswert sein, aber dafür fehlt mir wieder einmal die Zeit.

Stattdessen findet wieder ein „meet-the-pilot" statt, und anschließend werde ich durch das Museum geführt, die Ausstellung ist wirklich sehenswert.

Mein Hotel ist fußläufig zu erreichen, und beim Abendessen studiere ich den Wetterbericht für den nächsten, den letzten Tag der Reise. Es bleibt spannend bis zuletzt, Für den nächsten Morgen ist dichter Nebel vorhergesagt, der sich erst am späten Vormittag allmählich auflösen soll. Man wird sehen.

Foto: junkersaicraft

← Ankunft in Mlada Boleslav.

Foto: Prinzing

← Im Museum in Mlada Boleslav.

Tag 44 Sonnabend ,19. Juli

Mlada Boleslav LKMB - EDNX **Oberschleißheim**

09:43 - 12:30 Uhr   02:47 h   **125:23 h**

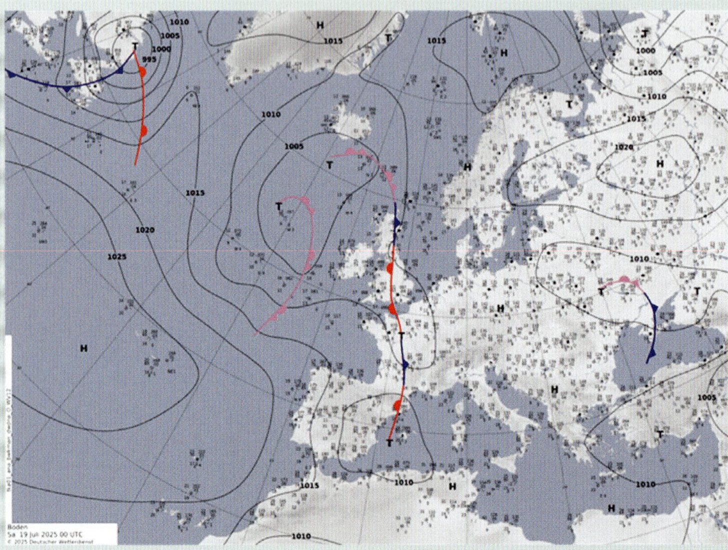

Wetterlage:
Die Flugstrecke liegt vollständig unter Hochdruckeinfluss. Wenn sich kein Nebel bildet, wird es ein toller Tag für die Zieletappe.

Es reißt mich nach dem Aufwachen ans Fenster. Blauer Himmel, kein Nebel. Frohgemut treffe ich am Flugplatz ein und fliege 5 Minuten früher, als ich es nach meinem Flugplan müsste, ab. Das große Finale der Reise auf dem Flugplatz Oberschleißheim ist für 12:30 Uhr festgesetzt, und ich, dafür war ich als Kapitän einschlägig bekannt, kann Unpünktlichkeit nicht ausstehen.

Bei hervorragendem Flugwetter geht es nördlich an Prag vorbei und weiter nach Pilsen und Regensburg. Linker Hand oberhalb der Donau liegt die Gedenkstätte Walhall. Es geht jetzt tatsächlich auf die letzten Meter. Über Dachau bin ich mit den drei F13 verabredet, die mich auf den letzten Metern begleiten sollen. Der Ostwind gibt die Landerichtung 07 vor, und wir überfliegen den Flugplatz in Formation, drehen in die weite Nordplatzrunde ein, und ich kann mir das Feixen nicht verkneifen, als ich exakt um 12:30 Uhr Ortszeit auf der Piste aufsetze.

Mit den Kameraden im Schlepp rolle über die Wiese des ältesten deutschen Flugplatzes, der noch in Betrieb ist, zum Vorfeld, wo ein großer Empfang vorbereitet ist. Bloß jetzt auf den letzten Metern nicht in der Konzentration nachlassen und noch irgendetwas vermasseln. Ich merke aber gerade ganz deutlich, wie eine Riesenlast von meinen Schultern fällt. Es ist kaum zu glauben, wie viele Bilder von der Reise mir in diesem Augenblick durch Kopf gehen. Ein paar Meter noch, dann zeigt mein Einwinker STOPP. Ich warte auf den Ruf der letzten F13, dass sie ihre Parkposition erreicht und zähle im Funk runter: „3-2-1-AUS!" Für eine Sekunde ist es still, und dann gibt es ganz viel Beifall. Direkt vor dem Flugzeug stehen meine Astrid, meine ältere Tochter Anke und Erna ist natürlich auch dabei.

Viele, viele Freunde und Bekannte sind gekommen, Charlotte und Bernd Junkers, Dieter Morszeck,

Domink Kaelin, das ganze Tour-Team und auch Tilly, die Ju 52-Stewardess, mit der ich viele Flüge auf der Linie und in der Ju 52 gemacht habe. Es gibt Ansprachen, einen Pokal, viel Schulterklopfen und eine große Portion Eis. Die Sonne lacht vom Himmel, und die Freude ist groß.

Mein Flugzeug wird alsbald entführt und bekommt ein neues Seitenruder, auf dem die ganze Runde schematisch dargestellt ist. Wir fahren ins Hotel, um uns frisch zu machen, denn am Abend findet im Biergarten der Schlosswirtschaft Schleissheim das Abendessen statt. Die Stimmung ist ausgelassen, denn – und das wird auch mir langsam klar – es ist alles gutgegangen, es hat mit Mann und Maschine keine Probleme gegeben. Das haben zwar alle gehofft, aber so ganz entspannt war wohl keiner vor und während der Reise.

Das kleine, wunderbare Flugzeug hat sich als würdiger Nachfolger des Juniors von 1929 erwiesen, und mein Kommentar, als auch ich überschwänglich gelobt werde, hat es bis ins Internet geschafft: „Kein Jockey kann ein Pferderennen gewinnen, wenn der Gaul, auf dem er sitzt, nichts taugt!“

↑ Pünktlich zur Stelle.

Foto: Symank

← Das Publikum wartet auf die Ankunft.

→ Die letzten Meter.

Foto: Symank

↑ Frau Astrid, Tochter Anke und Dackelmädchen Erna begrüßen mich.

→ „Auftrag ausgeführt!“

Dieser Erfolg war aber die Leistung der Gruppe. Stellvertretend für alle möchte ich mich aber bei Dieter Morszeck für die Idee und den Durchhaltewillen, dieses Flugzeug wieder auferstehen zu lassen, und bei Dominik Kaelin für die einwandfreie technische Umsetzung bedanken. Und auch dafür, dass Ihr mir vom ersten Augenblick an völlig vertraut habt.

↑ „Danke an Euch alle!"

← V. l. n. r.: Dominik Kaelin, Dieter Morszeck, CC, Charlotte Junkers.

Tag 45 Sonntag, 20. Juli

Oberschleißheim EDNX - EDLP **Paderborn**

09:09 - 11:54 Uhr	02:45 h	**128:08 h**

Paderborn EDLP - EDHG **Lüneburg**

14:00 - 15:35 Uhr	01:35 h	**129:43 h**

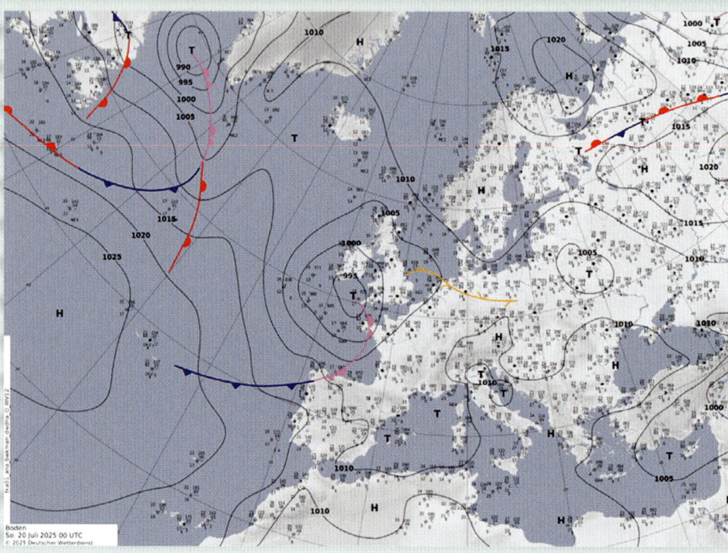

Wetterlage:
Passt schon.

↓ D-AQUI und D-MQUI.

Foto: Cordes

Der Flug nach Hause einmal quer durch Deutschland wäre kaum der Rede wert, wenn nicht ... Ja, wenn nicht der für mich emotionalste Höhepunkt der Reise erst noch bevorstünde.

Vorgestern, als ich mich nach Mlada Boleslav durchgekämpft habe, fand in Paderborn der letzte Roll-Out der Ju 52 „Berlin-Tempelhof" D-AQUI statt, der gebührend gefeiert wurde. Von dort wurde das Flugzeug aus der Obhut der Quaxe nach Frankfurt gebracht, wo es inzwischen im „Hangar One" der Lufthansa als Prunkstück zusammen mit der Connie ausgestellt ist. Ich konnte nicht dabei sein, aber es war kein großes Kunststück, eine letzte Möglichkeit zu organisieren, AQUI und MQUI zusammen zu bringen. Dieses Zusammentreffen kann es so nie wieder geben. Was auf den Bildern, die bei dem Treffen entstanden sind, nicht zu sehen ist, das ist mein Gemütszustand. Eigentlich hatte ich meinen Frieden damit gemacht, dass die AQUI nie mehr fliegen wird, aber ich habe so viel mit diesem Flugzeug erlebt, es hat meine Karriere so befördert, dass ich in einer ganz eigenartigen Mischung aus Stolz, Dankbarkeit und Trauer an die 31 Jahre zurückdenke, die ich dieses Juwel fliegen durfte. Sie ist mir in den langen Jahren sehr ans Herz gewachsen, und ich glaube, ich hatte einen siebten Sinn für das Flugzeug. Jedes Geräusch, jede Bewegung, jede Vibration hat mir etwas über den Zustand des Flugzeuges verraten. Aber vorbei ist vorbei. Und da ich in drei Tagen 65 werde, wäre das eh das Ende für die Ju und mich gewesen. Emotion aus, Ratio an – ich hatte großes Glück, die Ju 52 so lange fliegen zu dürfen. Und meine Ju kann ich noch fliegen, bis der Arzt kommt – buchstäblich.

Am Nachmittag treffe ich dann in Lüneburg an, und werde von lieben Freunden im kleinen Kreis empfangen.

Foto: Cordes

↑ Nicht der anstrengendste, aber der emotionalste Moment der „Reise meines Lebens".

Jetzt ist die Reise ganz geschafft. Als ich abends im Bummelzug von Lüneburg nach Lübeck sitze, blicke ich kurz vor Lübeck aus dem Fenster auf den Flugplatz Blankensee, wo alles vor über 60 Jahren begonnen hat. An der Hand meines Vaters habe ich dort meine ersten Begegnungen mit Flugzeugen gehabt. Er hat sich zu seinen Lebzeiten von mir mehr Begeisterung für die Fliegerei gewünscht. Dass ich die Verkehrsfliegerschule erfolgreich durchlaufen habe, hat er noch miterleben können, den Rest nicht mehr. Ich glaube, er wäre mit seinem Jüngsten zufrieden gewesen.

Letzte Gedanken

Beim Schreiben dieses Buches habe ich die Reise natürlich noch einmal erlebt. Ohne Hitze, ohne Kälte, mit der Möglichkeit, jederzeit aufzustehen, etwas zu essen, zu trinken, oder …

Dabei merke ich, was ich von Europa alles nicht gesehen hatte und auch jetzt noch nicht gesehen habe. Eigentlich müsste ich gleich wieder los. Und ich merke auch, wo die Planung, Vorbereitung und Durchführung lücken- oder gar fehlerhaft gewesen ist. Aber es bleibt – und das klingt beim Fliegen ja fast schon ein wenig zynisch – immer noch Luft nach oben. Egal, es hat gereicht. Ich habe mich und das Flugzeug gefordert, aber nicht überfordert. Deswegen sind wir beide gesund und munter wieder nach Hause gekommen. Der Flieger hat nach dieser Reise ein neues Image bekommen, und meinem Ruf hat sie auch nicht geschadet.

Ich will mich an dieser Stelle mit einem Appell an meine vielen Fliegerkameraden da draußen wenden. Wenn Ihr etwas ähnliches plant, ist das sehr zu begrüßen, aber überfordert Euch und Euer Flugzeug nicht. Es gibt mit Sicherheit abgebrühtere und bessere Piloten als mich, aber zu den Tollpatschen der Zunft gehöre ich bestimmt nicht. Hier und da und dann und wann brauchte ich während dieser Reise aber meine Erfahrung aus über 28.000 Flugstunden und mein Wissen, das ich mir als Kapitän und Ingenieur angeeignet habe. Manchmal brauchen wir alle aber beim Fliegen aber auch Glück – fordert es nicht heraus!

Mit fliegerherzlichen Grüßen
Ihr und Euer Claus Cordes

JUNKERS
AIRCRAFT
JUNKERS
IKONISCHE LUFTFAHRTGESCHICHTE
Ein Ultraleichtflugzeug, das die goldene Ära der Luftfahrt atmet – und zugleich kompromisslos in der Gegenwart steht. Die JUNKERS A50 Junior verbindet ikonisches Design und offene Cockpit-Faszination mit modernster Technik.
CRAFTED FOR PIONEERS